油田企业模块化、实战型技能培训系列教材

高压高含硫气田维护保养岗
技能操作标准化培训教程

丛书主编　陈东升
本书主编　杨相杰

中国石化出版社

图书在版编目(CIP)数据

高压高含硫气田维护保养岗技能操作标准化培训教程/陈东升，杨相杰主编．—北京：中国石化出版社，2022.3
油田企业模块化、实战型技能培训系列教材
ISBN 978-7-5114-6584-9

Ⅰ.①高… Ⅱ.①陈… ②杨… Ⅲ.①高含硫原油-气田-维修-技术培训-教材 ②高含硫原油-气田-保养-技术培训-教材 Ⅳ.①TE38

中国版本图书馆CIP数据核字(2022)第024016号

中国石化出版社出版发行
地址:北京市东城区安定门外大街58号
邮编:100011 电话:(010)57512500
发行部电话:(010)57512575
http://www.sinopec-press.com
E-mail:press@sinopec.com
北京富泰印刷有限责任公司印刷
全国各地新华书店经销
*
787×1092毫米16开本7.5印张140千字
2022年3月第1版 2022年3月第1次印刷
定价:58.00元

《高压高含硫气田维护保养岗技能操作标准化培训教程》
编委会

编写人员

主　　编　杨相杰

副 主 编　张月献

编写人员　宋宝明　李培致　张彦波　于学立　葛继科
袁海龙　陈希彬　桑文众　党金河　胡彦兵
于士祥　卢来生　赵洪生　郭爱民　邱琳琳
孙年兵　罗　雪　于海勇

审核人员

序　言

为贯彻落实中原石油勘探局有限公司、中原油田分公司（以下简称中原油田）人才强企战略，通过开展专项技能培训和考核，全面提升技能操作人员工作水平，促进一线生产提质增效，由中原油田人力资源部牵头，按照相关岗位学习地图，分工种编写了系列教材——《油田企业模块化、实战型技能培训系列教材》，本书是其中一本。

本书具有鲜明的实战化特点，所有内容模块都围绕生产实际业务或操作项目设置，既能成为提升实际工作能力的培训教材，也可以作为指导岗位操作的工具书。其内容具备系统性，既包括施工前准备、执行操作流程、操作要点与质量标准，也包括安全注意事项及事故应急处理等内容，体现了“以操作技能为核心”的特点。所有编写人员均来自基层单位，有基层技能操作专家，也有技术骨干等，真正体现出“写我所干，干我所写”的理念。

本书适用于相关工种员工的日常学习，以及基层单位组织集中培训、岗位练兵等使用，每本教材后都附有本工种学习地图，使本工种各技能等级员工都能找到自己的努力方向和学习内容，为广大员工开展个性化岗位学习、提高学习效率点亮一盏指路明灯。

同时，本书也向广大读者传达一种“学、做翻转”的人才培训思路：即打破参加培训就是到课堂学习知识的传统思维方式，把“学习知识、了解流程、掌握标准”的活动放在工作岗位，通过对教材内容的学与练，提升职业技能水平；只有遇到岗位学习或工作中难以解决的问题时，才考虑参加集中培训，通过对具体问题解决过程的体验、学习与感悟，提升学习者解决实际问题的能力。

当然，本书的编写也是实战型培训教材开发的初步实践，尽管广大编者尽其所能投入编写，也难免存在有不妥之处。期望广大读者、培训教师、技术专家及培训工作者多提宝贵意见，以促进教材质量不断提高。

《油田企业模块化、实战型技能培训系列教材》编写委员会

2022 年 2 月

前　言

为加强培训资源建设，深入推进全员培训，中原油田梳理了近些年的培训教材，调研了企业的培训需求，开发了中原油田模块化、实战型技能操作标准化培训丛书。培训丛书的编写，构建起中原油田实际操作的技能培训教材体系。这套教材围绕企业生产经营对岗位能力的要求、队伍建设和员工成长的需要，以提高全体员工履行岗位职责的实际工作能力为重点，把研究和解决生产经营、改革发展面临的新挑战、新情况、新问题作为重要目标，把全体员工在实践中创造的好经验、好做法作为重要内容，具有较强的实践性和针对性。

《高压高含硫气田维护保养岗技能操作标准化培训教程》是在总结普光高压高含硫气田气井维护保养现场施工实际情况基础上进行编写的，基本涵盖了目前普光气田的气井日常维护保养工作内容。教材以突出“实战型”思路为指导，以岗位工作内容、相关知识为主线，以岗位规范、作业规程及技术标准为依据，将施工现场涉及的人员、设备、材料、作业方法、环保知识等融入各单元、各工序内容之中，并力求详尽体现现场的操作前准备、操作步骤、操作要点、安全注意事项等实际操作内容。教材理论知识的编写坚持“必须”和“够用”原则，不做单独论述；实际操作内容的编写则务求来自生产实践并能够解决实际问题；各单元工序的编写是以体现简易、精练、实用为原则，力求突出描述操作过程主干内容，篇幅精短，易教易学。本教材可作为气井维保员工技能操作标准化培训教程使用，适用于现场员工实际操作和事故解决能力培训，亦适用于新员工入厂教育和在较短时间内实现上手操作能力培训。

感谢采油气工程服务中心各级领导在编写过程中给予的大力支持。感谢各基层操作人员对教材内容提出的宝贵意见。感谢专家组成员在评审过程中，提出的各项修改意见、建议和提供的诸多参考资料。该教材的编写方法是一次新的尝试，限于编者的业务水平和常识修养，书中疏漏与错误在所难免，恳请广大读者提出宝贵意见。

目　录

第一单元　施工准备

项目一　编写施工方案

1　项目简介

施工方案是指导作业施工的技术性文件，是根据每个施工项目为对象编制的施工安全技术与组织方案，是整个项目施工过程的安全、质量、工期等方面的指导性文件。编写施工方案的目的是让施工人员充分了解施工项目的目标、技术规范、施工步骤、风险评价及消减措施等要求，保障项目顺利安全高质量完成。施工方案由施工单位组织技术人员负责编制，并按程序进行逐级审批。施工方案的具体内容及框架结构详见附录3 施工方案模板。

2　编写准备

2.1　施工单位接收到甲方的施工派工单后，生产管理与技术人员与甲方派工负责人结合，具体落实施工地点、施工环境、施工内容、施工工期及安全技术要求。

2.2　施工单位的技术人员实地勘察施工地点的路况、施工地点、施工环境、现场布局等情况，落实是否具备施工条件，并及时向编写人员反馈信息。

2.3　施工单位与甲方就施工相关安排及关键问题经过充分沟通后，甲方组织技术人员编写施工方案。

3　编写步骤

3.1　编写人员收集编制施工方案的依据文件和施工设计等技术资料后，按照施工要求逐项编写施工目的、施工物资准备、人员配备组织机构、施工步骤、安全环保要求及施工注意事项、风险评价及消减措施、应急处置预案及控制措施等，完成施工方案的编写。

3.2　在施工方案中依次撰写以下内容。

3.2.1　施工目的：根据生产单位的维保任务派工单确定施工目的、技术指标。

3.2.2　施工物资准备：本次施工所需的物资、设备设施、气防器具、工用具等准备情况。

3.2.3 人员配备组织机构：明确生产单位和施工单位在本次施工中的组织机构及职责、人员配备及具体分工。

3.2.4 施工步骤及时间安排：描述项目施工工艺流程，明确施工具体操作步骤、各步骤技术规范和技术标准，并明确各施工环节运行的时间安排。

3.2.5 安全环保要求及施工注意事项：明确各工序环节的安全环保要求及注意事项。

3.2.6 风险评价及消减措施：识别各工序存在的危害因素，评价风险程度，明确消减措施，有效减少事故发生。

3.2.7 应急处置预案及控制措施：当消减措施失效出现异常情况时，制定针对性的应急处置预案及控制措施，避免事故升级带来的人员伤害、财产损失及环境影响。

3.2.8 工艺流程图、场站布局图、逃生路线图：附图表述场站内工艺流程走向，空间布局及设备的平面布置，发生紧急情况时需紧急撤离的正确逃生路线。

3.2.9 其他内容：根据具体项目的实际施工需要，明确其他特定内容。

4 审批流程

4.1 施工方案划分厂级作业和区级作业。

4.2 厂级施工方案由施工单位和生产单位技术人员共同编写，报施工单位主管领导审核，采气区主管领导审核，采气厂主管科室审核，最后报采气厂主管领导审批。

4.3 区级作业由施工单位和生产单位技术人员共同编写，施工单位主管领导审核，采气区主管领导审批。

5 方案变更

施工单位无权私自变更设计，如因工序变更等原因确需变更的，由生产单位出具变更设计，施工单位根据变更设计制定变更方案，并按原施工方案进行逐级审批完成方可施工。

6 注意事项

6.1 施工方案按标准格式用A4纸打印，左侧装订，保持整洁、完好，严禁勾画、涂抹和缺失。

6.2 施工方案审批后必须放置在施工现场，作为施工人员施工的指导依据。

6.3 实施方案必须经过安全论证方可组织实施，内容中必须将安全环保要求、施工注意事项、风险评价及消减措施作为重要内容写入，不得遗漏。

项目二 办理起重吊装作业许可证

1 项目简介

《起重吊装作业许可证》是进行起重作业安全质量保障的重要依据。施工单位针对整个起重吊装施工过程，制定相应的作业程序环节的安全措施，保证整个施工过程有序可控，需按流程办理起重吊装作业许可证。具体起重吊装许可证实例如图 1－1 所示。

中国石化 SINOPEC　中国石化中原油田普光分公司采气厂　CQC-20　-QZDZ-　0000032

起重吊装作业许可证(区级)

施工单位		作业地点		起重设备	
吊装物质		主要危害识别			
申请人		计划作业时间	年　月　日		

作业单位审核	生产单位业务主管审核	生产单位安全会签	生产单位业务分管领导审批
年　月　日	年　月　日	年　月　日	年　月　日
作业开始时间	年　月　日　时　分		

施工单位			吊装监护人		
	吊装负责人			起重吊装指挥/证件编号	
	司索人/证件编号			生产单位监护人/证件编号	
	起重机操作人/证件编号			施工单位安全监督	

序号	主要安全措施	现场确认人签字	
		生产单位	作业单位
1	人员资质已审查，机具已验收，视频监控措施已落实		
2	开展JSA风险分析，并制定相应作业程序和安全措施		
3	指挥人员应佩戴鲜明的标志，并按规定的联络信号统一指挥；作业人员应坚守岗位		
4	起重吊装设备制动器、吊钩、钢丝绳安全性能应符合起重吊装安全要求		
5	现场指挥已对起重吊装安全措施进行检查落实		
6	吊装物质应是起重机械额定起重量极限位置限制安全范围内		
7	起重机械吊装范围内的输电线路、工艺管线在安全距离范围		
8	天气情况符合起重吊装作业要求		
9	夜间作业有足够的照明和通畅吊装通道		
10	作业前按规定进行安全技术交底，作业人员应穿戴合格的劳保用品		
11	作业现场应设定警戒线，禁止无关人员进入警戒区域		
12	进入酸气站场作业人员使用气防器具		
13	生产单位已对作业环境进行危害识别，并下达作业许可		
补充措施			
完工验收	年　月　日　时　分	生产单位确认人：	

第一联　作业现场所在基层单位留存

注：1、起重作业前必须由相关人员确认安全措施。2、起重吊装措施不到位，起重吊装操作人员必须拒绝作业。3、此证仅为一个项目的活动许可，中断作业必须对安全措施重新确认，保存一年。

注意安全　　安全确认　落实责任　保障安全

图 1－1　起重吊装许可证

2　许可证办理准备

2.1　施工单位接到派工单后，与甲方联系明确具体施工内容、施工地点、被吊物体等信息，并派专人勘查现场。

3 许可证办理步骤

3.1 填写许可证。施工单位组织人员收集信息及现场技术人员勘查现场情况后，根据施工内容，有针对性地填写起重吊装作业许可证内容，包括施工单位、作业地点、起重设备、吊装物、申请人、计划作业时间、安全保障措施等相关内容，确保与施工方案相符。

3.2 许可证审批。

3.2.1 区级审核：施工单位主管组进行审核，分别报区生产单位业务主管审核和区生产单位安全会签。

3.2.2 厂级审核：厂级作业由作业单位主管领导进行审核并加盖公章，分别报厂生产办公室和厂 HSE 办公室审核并加盖公章。

3.2.3 人员信息确认：施工前由施工单位填写吊装负责人、司索、起重机操作、起重吊装指挥、安全监督信息及证件编号，生产单位监护人填写人员姓名和证件编号并对施工单位人员信息进行查验。

3.2.4 安全措施确认：生产单位和作业单位负责人共同对安全措施进行逐条确认并签字确认。

3.2.5 许可证审批。厂级作业由厂业务分管领导在现场落实安全措施后进行审批后开始施工。区级作业由生产单位业务分管领导在现场落实安全措施后进行审批后开始施工。

4 许可证回收

施工结束后生产单位负责人进行完工验收，施工单位对票证回收保存。

5 注意事项

5.1 一项吊装作业活动办理一张起重作业许可证，不得涂改，如确需修改时，应经签发人在修改内容处签字确认。《起重吊装作业许可证》应妥善保管，保存期为 1 年。

5.2 《起重吊装作业许可证》一式三联。

厂级：一联作业完工后反馈厂 HSE 办公室；二联由起重吊装作业单位持有；三联由生产单位监护人持有，完工后存放在起重吊装作业所在站场或岗位。区级：一联作业完工后存放在区部；二联由起重吊装作业单位持有；三联由生产单位监护人持有，完工后存放在起重吊装作业所在站场或岗位。

5.3 《起重吊装作业许可证》中各栏目，应由相应责任人填写，其他人不得代签，作业人员姓名要与《起重吊装作业许可证》上的相符。

5.4 《起重吊装作业许可证》的有效期为作业项目一个周期。当作业中断，再次作业前，应重新对环境条件和安全措施予以确认；当作业内容和环境条件变更时，需要重新办理《起重吊装作业许可证》。

5.5 作业期间要全过程视频监控。

5.6 起重作业许可证分级管理。

5.6.1 起重作业安全管理规定：将起重作业按起吊工件重量和长度划分为三个等级。一级为重量 100t 及以上或长度 60m 及以上；二级为重量 40t(含 40t)至 100t；三级为重量 40t 以下。

5.6.2 依据起重作业划分等级，结合厂设备、容器、阀门等起吊物重量和起重作业环境，将起重作业许可证分为厂、区两级管理。厂级：符合下列条件之一的应办理厂级起重作业许可证：(1)一级、二级吊装作业；(2)阀室内 BV 阀吊装作业。区级：除厂级许可以外的其他起重吊装作业。

项目三 办理盲板抽堵许可证

1 项目简介

在设备抢修、检修及设备开停工过程中，设备、管道内可能存有物料(气、液、固态)及一定温度、压力情况时的盲板抽堵施工许可证的办理流程；或设备、管道内物料经吹扫、置换、清洗后的盲板抽堵施工许可证的办理流程。具体盲板抽堵作业许可证实例如图 1－2 所示。

2 许可证办理准备

施工单位接到派工单后，根据施工内容填写盲板抽堵作业许可证内容，包括施工单位、盲板编号、作业类型、场所名称、设备管道名称、具体施工地点、风险辨识与控制措施等相关内容。

3 办理步骤

3.1 许可证审核。填好许可证后由基层单位业务主管人员审核，作业单位主管领导进行审核。

3.2 信息确认。施工前由生产单位填写设备管道情况和盲板材质规格、垫片材质规格，由监护人填写姓名和证件编号。

3.3 安全措施确认。生产单位和作业单位负责人共同对安全措施进行逐条确认并签字确认。

3.4 许可证审批。基层生产单位分管领导在现场落实安全措施后进行审批后开始施工。

4 许可证回收

施工结束后生产单位负责人进行完工验收，施工单位对票证回收保存。

中国石化 SINOPEC　中国石化中原油田普光分公司采气厂　CQC-2019-MBCD-0002581

盲板抽堵作业许可证

盲板编号		作业类型	□加　□抽
施工单位		施工单位负责人	
场所名称		设备管道名称	
作业实施时间	年　月　日　时　分	监护人	证件号

作业单位审核	基层单位业务主管人员审核	基层单位分管领导审批
年　月　日	年　月　日	年　月　日

设备管道情况			盲板与垫片			
介质	温度	压力	盲板材质	盲板规格	垫片材质	垫片规格

序号	抽堵主要安全措施	现场确认签字：生产单位	现场确认签字：作业单位
1	□人员资质已审查，机具已验收，视频监控措施已落实		
2	□开展JSA风险分析，并制定相应作业程序和安全措施		
3	□关闭盲板抽堵作业点上下游阀门		
4	□盲板抽堵作业点介质排放、泄压		
5	□相关岗位知晓作业		
6	□作业现场与控制室通讯畅通		
7	□已向作业人员书面作业交底与培训		
8	□距作业点30米内不得有物料排放、采样、动火等作业		
9	□作业人员持证上岗		
10	□高处作业办理登高作业许可证		
11	□对于有毒介质，佩戴正压式空气呼吸器，并检查备用呼吸器状况良好		
12	□对于腐蚀性介质，佩戴防酸碱护目镜或面罩等；□对于强腐蚀性介质，应穿戴全身性的防腐蚀防护用品，检查备用防护用品状况良好		
13	□在介质温度较高□或较低□时，有防烫□或防冻□措施		
14	□对于易燃易爆介质，穿防静电工作服和工作鞋，使用防爆灯具和防爆工具，禁止用铁器等黑色金属敲打，并以水雾稀释		
15	□对于必须带压（高于规定）等危险性大的作业，制定专项应急预案		
16	□同一管道上未同时进行两处或两处以上的作业		
17	□甲方监护人全程监护		
18	□盲板按编号挂牌		
补充措施			
完工验收			
验收人签名		验收时间	年　月　日　时　分

第一联　作业现场所在基层单位留存

注意安全　　安全确认　落实责任　保障安全

图1－2　盲板抽堵作业许可证

5　注意事项

5.1　一个作业周期办理一张许可证。

5.2　盲板抽堵作业许可证由基层单位办理，基层单位分管领导审批签发。

5.3　许可证一式三联，第一联由签发单位留存；第二联由监护人持有，完工后存放在作业所在站场或岗位；第三联由作业人员持有。

5.4 作业完成后，由基层单位技术人员在第一联签字确认，安全部门存档，保存期限为1年。

5.5 作业许可证严禁涂改，作业内容、地点、范围等变更时，必须重新办理许可证。

5.6 许可证审批人和监护人应持证上岗。

5.7 盲板抽堵作业必须编制方案，方案必须经过相关业务科室审核。单站以上盲板抽堵作业施工方案，必须经过分管厂领导审批。

5.8 盲板抽堵作业前必须办理许可证。

5.9 作业期间要全过程视频监控。

5.10 盲板抽堵作业涉及其他特殊作业，应按照要求办理相应的作业许可证。

项目四 办理涉硫作业许可证

1 项目简介

高含硫集气站场、阀室等场所进行涉硫作业时，施工单位要针对整个施工过程制定相应的作业程序和安全措施，为保证整个施工过程有序可控，需按流程办理涉硫作业许可证。具体涉硫作业许可证内容如图1－3所示。

2 许可证办理准备

施工单位接到派工单后，施工单位根据施工内容填写涉硫作业许可证内容，包括作业单位、具体施工地点、作业部位、风险辨识与控制措施等相关内容。

3 许可证办理步骤

3.1 许可证审核。区级审核：区级作业由作业单位主管领导进行审核，报区生产单位业务主管审核，区生产单位安全会签。厂级审核：厂级作业由作业单位主管领导进行审核并加盖公章，分别报厂生产办公室和厂HSE办公室会签并加盖公章。

3.2 人员信息确认。施工前由作业单位安全负责人填写作业人员和监护人员及证件编号，生产单位填写监护人及证件编号。

3.3 安全条件确认。生产单位和作业单位负责人共同对涉硫作业安全技术措施进行逐条确认并签字确认。并对作业部位的H_2S含量进行检测，填写检测时间和检测人。

3.4 许可证审批。厂级作业业务分管领导在现场落实安全措施后，获得审准后开始施工。区级作业生产单位业务分管领导在现场落实安全措施，获得批准后方可开始施工。

4 许可证回收

施工结束后生产单位负责人进行完工验收，施工单位对票证回收保存。

5 注意事项

5.1 一个作业部位办理一张涉硫作业许可证，不得涂改；应妥善保管，保存期为1年。

中国石化 SINOPEC　　中国石化中原油田普光分公司采气厂　CQC- 202　-CJSL- 0002363

涉硫作业许可证(厂级)

申请作业单位			作业地点	
作业部位及内容				
计划作业时间	年　月　日	作业开始时间		年　月　日
作业单位现场安全负责人		监护人	生产单位/ 监护人证号	
			作业单位/ 监护人证号	
作业人员				
检测时间		作业部位 H_2S 含量检测结果	检测人	

序号	涉硫作业安全技术措施	现场确认情况	
		生产单位	作业单位
1	人员资质已审查，机具已验收，视频监控措施已落实		
2	开展 JSA 风险分析，并制定相应作业程序和安全措施		
3	进入涉硫区域所有作业人员已接受硫化氢防护安全培训，并取证		
4	作业人员劳保穿戴整齐，无穿戴化纤衣物，钉子鞋等现象		
5	手机等非防爆电子用品已关闭，火种已存放到站场指定存放点		
6	个人防护器具配备到位，性能完好。作业前正压式空气呼吸器、便携式硫化氢监测仪按照现场作业人员已做到每人一台配备，并正确佩戴使用		
7	站场人员已向作业人员进行安全交底，作业人员已熟悉紧急疏散程序		
8	涉及动火、临时用电、受限空间、吊装、高处、动土、盲板抽堵等直接作业活动，已办理相应作业票		
9	在人员易进入作业现场的路口或区域已设立警示带、警示标志		
10	防爆型排风扇摆放到位，夜间有充足照明		
11	周边无动火作业，无关人员已撤离施工现场		
12	有涉硫作业施工方案(操作规程)，安全措施已落实		
13	作业前已对作业部位流程切换□ 置换 □ 排放 □ 泄压 □ 隔离□ 盲断 □ 完毕，双方检测硫化氢含量合格		
14	涉硫设备、管线需要开口作业前，采取防止硫化亚铁自燃措施已到位		
15	站场工作人员已对工艺流程检查确认，并下达作业许可		
16	中断复工确认：		
危害识别及消减措施	涉硫容器、管道开启前置换硫化氢、钝化硫化亚铁，封闭后要置换氧气。收发球作业采取注(喷)水保湿作业。可燃气体溢出环境下的涉硫作业，必须使用防爆工具		
补充措施			

作业单位审核	业务科室审核	生产办公室审核	HSE办公室会签	厂业务分管领导审批
年　月　日	年　月　日	年　月　日	年　月　日	年　月　日
完工验收	年　月　日　时　分		生产单位确认人：	

第一联　HSE 办公室留存

注：1、作业前现场确认安全措施；作业过程中生产、作业单位监护人现场分别携带。2、若中断施工后重新作业，必须对安全措施重新确认。3、此证仅自开始作业时间起1日内有效，保存一年。

安全确认　落实责任　保障安全

图 1－3　涉硫作业许可证

5.2　厂、区级《涉硫作业许可证》一式三联。

5.2.1　厂级：一联作业完工后反馈厂 HSE 办公室；二联由作业单位持有；三联由生产单位监护人持有，完工后存放在起重吊装作业所在站场或岗位。

5.2.2　区级：一联作业完工后存放在区部；二联由作业单位持有；三联由生产单位监护人持有，完工后存放在作业所在站场或岗位。

5.3　《涉硫作业许可证》中各栏目，应由相应责任人填写，其他人不得代签，作业人员姓名要与实施施工人员相符。

5.4 《涉硫作业许可证》自开始作业起五日内有效，超出应重新办理。

项目五　办理进入受限空间作业许可证

1　项目简介

受限空间是指区域内的塔、罐、管道、方井池等进出口受限，通风不良，存在有毒有害风险，可能对进入人员的身体健康和生命安全构成危害的封闭、半封闭设施及场所。为保证在受限空间的整个施工过程有序安全可控，需按要求采取安全技术措施后，办理进入受限空间许可证的流程。具体进入受限空间作业许可证如图 1－4 所示。

2　许可证办理准备

施工单位根据施工内容填写进入受限空间作业许可证内容，包括作业单位、作业内容、作业地点、作业空间、原有介质、风险辨识与控制削减措施等相关内容。

3　许可证办理步骤

3.1　许可证审核。区级作业由作业单位主管领导进行审核，报区生产单位业务主管审核，区生产单位安全会签。厂级审核：厂级作业由作业单位主管领导进行审核并加盖公章，分别报厂生产办公室和厂 HSE 办公室会签并加盖公章。

3.2　人员确认。施工前由作业单位安全负责人填写作业人员和监护人员及证件编号，生产单位填写监护人及证件编号。

3.3　安全措施确认。进入受限空间作业前，生产单位必须与施工单位对需进入作业的设备、设施进行现场检查，对进入受限空间作业内容、可能存在的风险以及施工作业环境进行交底，结合施工作业环境对许可证列出的有关安全措施逐条确认，并将补充措施确认后填入相应栏内。

3.4　安全技术交底。基层单位与施工单位现场安全负责人应分别对现场监护人和作业人员进行必要的安全教育。

3.5　审批。厂级作业厂业务分管领导在现场落实安全措施后进行审批后开始施工。区级作业生产单位业务分管领导在现场落实安全措施及进行审批后才可开始施工。

4　许可证回收

施工结束后生产单位负责人进行完工验收，施工单位对票证回收保存。

5　注意事项

5.1　许可证是进入受限空间作业的依据，不得涂改；如确需修改时，必须经签发人在修改内容处签字确认。如果安全措施、采样分析数据等栏目填写不下时，应另加附页。许可证和附页应妥善保管，保存期为 1 年。

中国石化 SINOPEC

中国石化中原油田普光分公司采气厂　CQC-20　-SX-　0001976

进入受限空间作业许可证（区级）

施工作业单位		作业内容	
作业地点		作业空间	
原有介质		主要危险因素	
计划作业时间		申请人	
作业单位 审　核	生产单位业务主管 审　核	生产单位安全 会　签	生产单位业务分管领导 审　批
年　月　日	年　月　日	年　月　日	年　月　日
作业开始时间	年　月　日　时　分		
作业人员		生产单位 / 监护人证号	
		作业单位 / 监护人证号	

采样分析数	分析项目	氧含量	甲烷气体	硫化氢	其他	分析人	
	分析结果					采样时间	

序号	主要安全措施	现场确认人签字 生产单位	现场确认人签字 作业单位
1	人员资质已审查，机具已验收，视频监控措施已落实		
2	开展 JSA 风险分析，并制定相应作业程序和安全措施		
3	所有与受限空间有联系的阀门、管线已加盲板隔离		
4	设备经过置换□吹扫□蒸煮□		
5	设备打开通风孔进行自然通风，温度适宜人员作业□；必要时采用强制通风或佩戴空气呼吸器，但设备内缺氧时，严禁用通氧气的方法补充氧气□		
6	相关设备进行处理，带搅拌机的设备必须切断电源，挂“禁止合闸”标志牌，设专人监护		
7	检查受限空间内部，具备作业条件，清罐时应用防爆工具		
8	检查受限空间进出口通道，没有阻碍人员进出的障碍物		
9	盛装可燃有毒液体、气体受限空间，已分析可燃、有毒有害气体含量		
10	作业人员佩戴：A 正压式空气呼吸器；B 多功能检测仪		
11	作业人员清楚受限空间内存在其他危害因素，如内部附件、集渣坑等		
12	作业监护措施：视频监护（　　）、消防器材（　　）、救生绳（　　）、气防装备（　　）		
13	受限空间作业应使用安全电压和安全行灯，金属容器和特别潮湿的工作场所照明电压不大于 12V 。需要电动工具或照明电压大于 12V ，应安装漏电保护器，其接线箱严禁带入容器内		
14	进入酸气站场作业人员佩戴使用气防器具		
15	生产单位已对工艺条件进行安全确认，并下达作业许可		
补充措施			
完工验收	年　月　日　时　分	生产单位确认人：	

第一联　作业现场所在基层单位留存

注：1、作业前现场确认安全措施；作业过程中生产、作业单位监护人现场分别携带。2、此证为仅限一个作业单的活动许可，许可证有效期为24小时，当作业中断1小时以上再次作业前，应重新对环境条件和安全措施进行确认；当作业内容和环境条件变更必须重新办理许可证。3、此证保存一年。

注意安全　　安全确认　落实责任　保障安全　　必须穿戴劳保用品

图 1－4　进入受限空间作业许可证

5.2　许可证一式三联，第一联由 HSE 办公室或基层单位留存备查；第二联由作业负责人持有；第三联由生产单位监护人持有，并在作业完工后存放在作业点所在站场（班组）。

5.3　许可证中各栏目，应由相应责任人填写，其他人不得代签。实际作业人员、监护人姓名应与许可证上的人员姓名相符。

5.4　许可证的有效期为24h。当作业中断1h以上时，再次作业前，应重新对环境条件和安全措施予以确认；当作业内容和环境条件变更时，需要重新办理许可证。

5.5　所有进入受限空间均应办理作业许可。

5.6　未进行危害识别，未落实安全防范和应急措施，不得办理作业许可证。

5.7　许可证审批人、监护人应符合持证上岗要求。

项目六　开展作业安全分析(JSA)

1　项目简介

工作安全分析(JSA)是用来评估确定活动的相关潜在危害，保证风险最小化的分析工具。分析时应由施工单位参与施工的人员和生产单位负责人在一起对施工集体讨论的方式进行，把一项作业任务分成几个步骤，充分识别每个步骤中可能发生的问题与危险，进而找到控制危险的具体措施，减少甚至消除事故发生的有效工具。

2　JSA分析准备

2.1　人员构成。分析前，生产单位负责人为JSA小组组长。组长通常是生产单位技术管理人员担任，由熟悉现场工艺的工程师或主管、安全专业人员、班组长及其他相关人员参与施工的人员组成JSA分析小组。

2.2　在施工前约定分析的时间、地点，并做好分析的资料准备，提前让参与人员熟悉。

3　JSA分析步骤

3.1　识别工作任务，分解工作任务到具体步骤，并识别每一步骤的危害，评估每一危害引发的后果，并评估后果的可能性及严重性，全员进行综合评估风险。

3.1.1　小组成员都应详细了解工作任务及工作任务所在区域环境、设备设施、工用器具的相关操作规程。

3.1.2　对于现场作业，JSA小组应实地考察作业现场，核查以下内容：

(1)作业使用的设备设施、工用器具，特别应检查是否使用新设备。

(2)作业中可能涉及的危险化学品、放射性物质等危险物质。

(3)工作环境、空间、光线、空气流动、出口和入口等。

(4)现场作业环境的临近设施、地下管网等隐蔽设施。

(5)是否有严重影响本作业安全的交叉作业。

(6)实施此项作业任务的关键环节。

(7)实施此项作业任务的人员是否有足够的知识技能。

(8)是否需要作业许可及作业许可的类型。

(9)以前此项作业任务中出现的健康、安全、环境问题和事故。

3.2 分解工作任务。

3.2.1 按照工作顺序把一项作业任务分成几个步骤，每一步骤要具体而明确，简明扼要说明做什么、达到什么目的。

3.2.2 一项工作任务步骤划分宜控制在5~10步，对每个步骤应进行唯一编号。

3.3 危害识别和风险评估。

3.3.1 识别每个步骤存在的危害因素。识别时应充分考虑每一步骤涉及的人员、设备设施、工用器具材料或物料、作业环境、作业方法五个方面的正常、异常、紧急三种状态。

3.3.2 JSA小组识别危害的影响，评估危害导致的后果严重性，危害引起后果事件的可能性，并评估风险，填写JSA表。

3.4 研究制定消除或降低风险的有效措施。

3.4.1 小组应针对识别出的每项危害及其风险，制定针对性的有效控制措施，将风险降低到可接受的范围。

3.4.2 制定出所有风险的控制措施后，还应确定以下问题：

(1)是否全面有效的制定了所有可能风险的控制措施。

(2)对实施该项工作的人员还需要提出什么具体要求。

(3)风险是否能得到有效控制。

(4)在控制措施实施后，如果每个风险在可接受范围之内，并得到JSA小组成员的一致同意，方可进行作业前准备。

3.5 跟踪和审查JSA分析的有效性。

3.5.1 确保作业场所没有产生新的危害。

3.5.2 收集现场作业员工的反馈。

3.5.3 确保员工遵守JSA中的程序和安全作业标准。

3.5.4 考虑是否需要重新评估，进行JSA分析。

3.5.5 实施持续改进。

4 注意事项

4.1 JSA小组成员，熟悉分析流程和生产现场的工作任务和风险。

4.2 任务分析时，将工作任务分解的每一个步骤都要具体而明确，简明扼要地说明做什么、达到什么目的。步骤不宜过细或笼统，一般为5~10步。

4.3 识别风险、危害时，通常从“正常、异常、紧急”的三种状态，充分考虑每一步骤涉及的人员、设备设施、工用器具材料或物料、作业环境、作业方法五个方面，从可能性、严重性完成评估风险，填写JSA表。

4.4　制定出切实可行的风险削减措施。

4.5　控制措施实施后，每个风险都应在可接受范围内，得到 JSA 小组成员的一致同意后，方可进行作业施工准备。

4.6　跟踪和审查 JSA 分析的有效性，实施持续改进。

项目七　项目开工准备

施工单位接到生产单位派工单后，为保障顺利开工，需要做安全技术、设备设施、工用器具、气防器具及人员配备、操作培训取证、技术交底等方面的准备工作，为顺利完成施工奠定人力、物力的支撑，为后续展开作业提供必要的施工条件。

1　技术准备

1.1　施工前，技术人员根据施工方案，明确质量安全要求、技术标准、操作规程，并对施工人员进行培训，提前做好技术准备。

1.2　安全技术交底。施工作业前，由生产单位技术人员组织实施，参与施工人员必须全部参加。在施工现场开展安全讲话，告知当天作业内容、施工环境危害因素、防范措施和应急措施。

1.3　办理相关许可票证。作业前由施工负责人、生产单位负责人共同组织开展开工条件确认，办理施工相关票证，通知相关主管科室进行现场验收。

2　设备气防器具准备

2.1　正压式空气呼吸器按照施工人数的 1.2 倍配备，备用气瓶不得低于正压式空气呼吸器配备数量的 1 倍；便携式硫化氢检测仪按照施工人数配备。

2.2　使用的正压式空气呼吸器统一摆放，气瓶压力不得小于 25MPa。

2.3　作业人员入场前，按规定检查、调整好各自使用的（近视或其他视力需要矫正的面具配备相应的眼镜，需要做好明显标记）正压式空气呼吸器并处于备用状态。检查佩戴好便携式硫化氢检测仪并处于开启状态。

2.4　用站场高压空气压缩机对气瓶进行充气时，要确保充装区域空气流通，禁止在含硫化氢生产区域、硫化氢泄漏环境、火炬酸气放空情况下对气瓶进行充气。

2.5　作业车辆需接受场站工作人员的安全条件检查。机动车辆进入集气场站前，必须关闭防火罩。

3　人员准备

3.1　所有施工人员，必须经岗位培训、考核合格并取得所在岗位资格证，持硫化氢防护技术、井控、HSE、特种作业等培训合格有效证件后方可上岗。

3.2　新调人员工或转岗员工，必须经三级“安全教育”，并考核合格后，持有效证件方可上岗。

3.3 施工作业人员，按规定穿戴劳保用品，将手机等非防爆电子用品关闭，并存放到场站指定安全点。

3.4 作业人员必须接受场站工作人员入站安全告知，了解紧急出口位置、逃生路线、紧急集合区域、所有警示信号、紧急情况的响应措施以及个人防护设备的使用等，并填写入站登记、安全教育确认书。

3.5 现场施工勘查人员进入场站生产区域，必须佩戴个人防护用品，需有场站工作人员监护。

3.6 作业人员施工过程中必须听从站场工作人员的指挥。

3.7 作业人员需接受场站工作人员的安全条件检查。

3.8 作业人员严格按操作规程施工。

3.9 作业人员无突发紧急情况不得开启应急逃生门。

3.10 严禁作业人员擅离岗位。当佩戴空气呼吸器施工过程中的作业人员离开生产区域时，必须向作业负责人举手示意，确认已告知后才能离开施工区域。

4 注意事项

4.1 气防器具按照入站场人数的1.2倍配备，并确保在安全效验有效期内。

4.2 物料工用具确保符合现场实际使用情况，满足施工要求。

4.3 人员准备确实具备完成工作任务的各项能力，并取得相关培训合格证书。

第二单元　气井维保项目

项目一　拆卸采气树帽

1　项目简介

采气树帽安装在井口采气树最上端(图 2 - 1 - 1)，主要用于背压阀送入取出工具的连接，采气树的提升和井下作业施工管线的连接，在进行连续油管作业或测井作业等施工时需拆卸采气树帽为作业提供连接通道。

图 2 - 1 - 1　采气树帽

2　操作前准备

2.1　气防器具：防爆对讲机 2 部、视频监控仪 1 部、便携式硫化氢检测仪 6 个、正压式空气呼吸器 6 套。

2.2　工用具：活动扳手 4 个、65mm 梅花(开口)扳手 2 把、撬杠、600mm 管钳 2 把、1200mm 管钳 2 把、吊带 2 条、牵引绳 2 条。

2.3　车辆：随车吊 1 台、工程车 1 台。

2.4　材料：螺栓松动剂、清洗油、棉纱、密封脂。

2.5　人员：施工负责人 1 人、井口组 3 人、随车吊操作人员 1 人。

3　操作步骤

3.1　确认：施工负责人和集气站负责人共同观察井口油压和采气树帽上部压力表无压力显示，确认具备施工条件。

3.2　关闭 7#阀门：井口组操作人员人员站在井口操作平台上顺时针旋转手轮关闭采气树 7#阀门。

3.3　泄压：用活动扳手逆时针缓慢拧开表补心泄压孔针阀，泄掉内部残余压力。

3.4　卸补心：用活动扳手逆时针依次拆卸采气树帽上部压力表及表补心。

3.5　拆采气树帽

3.5.1　井口组操作人员将井口扳手套牢在井口螺栓上，先对角拆卸采气树帽4条螺栓，观察有无气体溢出。

3.5.2　无气体溢出后依次卸松其余4条螺栓，并用喷壶对法兰缝隙进行清水喷淋降温。

3.5.3　操作人员侧身用撬杠缓慢撬松采气树帽，再次确认采气树帽与7#阀门之间无圈闭压力，用井口螺栓扳手卸掉剩余的4条螺栓。

3.6　吊采气树帽

3.6.1　两名井口操作人员把吊带拴在采气树帽法兰脖颈处缠绕一圈，再将两根牵引绳的一端捆绑在采气树帽法兰脖颈处。

3.6.2　随车吊操作人员在司索指挥下将吊钩移至采气树帽上方，井口操作人员将吊装带挂在随车吊吊钩上。

3.6.3　操作人员分别拉住两根牵引绳的两端，随车吊司机在司索指挥下将采气树帽平稳吊下，放置在防渗布上。

3.9　灌水：井口组人员用水桶缓慢向7#阀门内灌注清水，防止硫化亚铁自燃。

3.10　检查：井口组人员用棉纱将钢圈、钢圈槽擦干净，检查钢圈、钢圈槽有无刮痕、凹坑、缺口，如有损伤通知集气站负责人。

3.11　完工：清理现场，做到工完、料净、场地清。由施工负责人员与集气站人员进行作业交接，交接完毕后，签写维保任务派工单。

4　操作要点

4.1　观察井口油压时要同时观察压力变送器和机械压力表数值，防止因压力表故障影响判断。

4.2　开关阀门站在阀门侧面，开关力矩较大时，可使用F扳手，但不能使用加力杠，防止损伤阀门。

4.3　阀门开关到位后，回旋1/2～1/4圈，保持阀板的浮动密封，并挂好开关标识牌。

4.4　起吊前操作人员确认全部螺栓拆卸完毕，才能起吊。

4.5　吊装过程中要有专人指挥，系好牵引绳，吊装带捆绑牢固，同时保持采气树帽水平起吊，防止刮碰；确保吊装过程中处于受控状态，吊装过程中严格执行“吊装安全十不吊”的规定。

4.6　拆下的部件有序摆放在防渗布上，防止损坏丢失。

5　安全注意事项

5.1　施工人员穿戴齐全劳保用品，正确佩戴空气呼吸器及便携式硫化氢检测仪，双人双岗作业。

5.2　施工车辆必须关闭防火罩，按指定路线行驶。

5.3　开关阀门时操作人员站在手轮侧面，严禁正对手轮操作。

5.4　采气树帽位置较高的井，不得攀爬采气树，必须使用操作平台施工。

5.5　拆卸施工中防爆排风扇对准施工位置进行吹扫。

5.6　拆除时用清水对拆卸处进行喷淋，防止硫化亚铁遇空气发生自燃。

5.7　整个施工过程，应保证流程与火炬放空系统导通。

5.8　施工时禁止交叉作业。

6　突发事件的应急处置

6.1　发生人员硫化氢中毒。

6.1.1　立即组织将中毒人员撤离现场到安全地方，现场负责人立即报告值班干部，并拨打救援电话。

6.1.2　现场监护组立即对中毒人员用应急呼吸器进行现场人工呼吸抢救(切忌不能口对口人工呼吸，防止抢救人员再次中毒)。

6.1.3　现场监护组立即通知应急救援人员对中毒人员的抢救。

6.1.4　应急救援中心到达现场后，对中毒人员进行抢救，同时送中毒人员到医院医治。

6.2　发生硫化亚铁自燃。

6.2.1　检查现场是否有人员烧伤和中毒，并迅速汇报，对受伤人员进行救护。

6.2.2　通知现场消防人员对自燃部位灭火控制火势蔓延，同时对周围的设备进行降温。

6.3　发生有人受到物体打击、砸伤、挤压伤害。

6.3.1　迅速组织人员将受伤人员撤离至安全区域。

6.3.2　根据受伤人员的伤势进行包扎、固定等救护，如伤势严重则立即拨打救援电话送受伤人员到医院救治。

项目二 安装采气树帽

1 项目简介

采气井进行连续油管作业或测井作业施工，在采气树上端作业设备拆除后需重新安装采气树帽以恢复采气树的完整性，达到复产条件。

2 操作前准备

2.1 气防器具：防爆对讲机2部、视频监控仪1部、便携式硫化氢检测仪6个、正压式空气呼吸器6套。

2.2 工用具：活动扳手4个、65mm梅花(开口)扳手2把、撬杠、600mm管钳2把、1200mm管钳2把、吊带2条、牵引绳2条。

2.3 车辆：随车吊1台、工程车1台。

2.4 材料：螺栓松动剂、清洗油、棉纱、密封脂。

2.5 人员：施工负责人1人、井口组3人、随车吊操作人员1人。

3 操作步骤

3.1 确认：施工负责人与集气站负责人确认井口施工区域无其他施工单位作业人员，7#阀门上部测试设备已拆除，现场达到施工条件。

3.2 清洗：井口组人员用棉纱将钢圈、采气树帽和7#阀门钢圈槽清洗擦拭干净。

3.3 检查：检查钢圈、钢圈槽无损伤，并核对新钢圈的型号、材质符合要求，钢圈槽内涂抹密封脂，将新钢圈放入7#阀门上法兰钢圈槽内。

3.4 吊装：两名井口操作人员把吊带缠绕一圈拴在采气树帽法兰脖颈处，捆绑牢固后，再将两根牵引绳的一端捆绑在采气树帽法兰脖颈处，分别拉住牵引绳的另一端，随车吊司机在司索指挥下将采气树帽吊至7#阀门上部，一名井口操作人员调整好位置使上下螺栓孔对齐，穿好各条螺栓。

3.5 安装：井口操作人员使用专用扳手对角上全上紧全部螺栓，紧固顺序如图2-2-1所示。

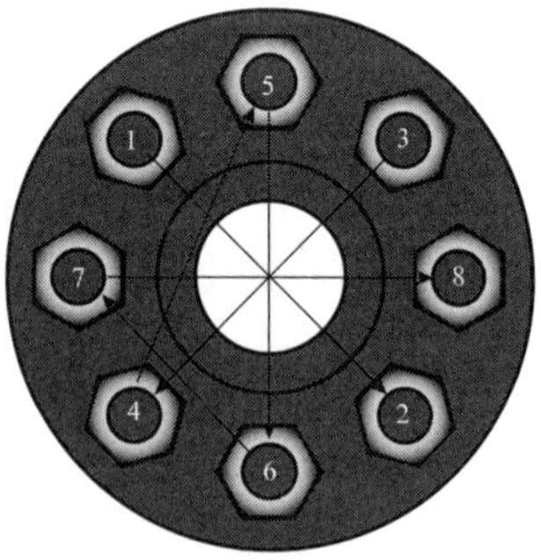

图2-2-1 螺栓紧固顺序示意图

3.6 安装压力表：井口操作人员使用活动扳手先将表补心按顺时针方向安装在采气树帽上，并用活动扳手上紧后，再将压力表按顺时针方向安装在表补心上，用活动扳手上紧，关闭泄压孔针阀。

3.7 充压：集气站工作人员负责将油压恢复至正常工作压力，缓慢打开7#阀门。

3.8 进行气密试验：井口操作人员和集气站人员用验漏喷壶对采气树帽与7#阀门法

兰连接部位及压力表连接部位进行验漏，确认连接部位密封良好。

3.9　完工：清理现场，做到工完、料净、场地清。由施工负责与集气站人员进行作业交接，交接完毕后，签写维保任务派工单。

4　操作要点

4.1　采气树帽安装前清洗检查螺栓、钢圈等配件，不合格及时更换。

4.2　安装螺栓时，对角依次上紧全部螺栓，两端余扣一致，各条螺栓受力均匀，法兰缝隙一致。

4.3　安装表补心及压力表时，检查内孔保持清洁，在丝扣处涂抹密封脂并缠好生料带。

4.4　安装拆卸压力表时，不能用手直接拧表盘，防止损坏压力表。

4.5　充压时，缓慢开启阀门，避免损坏压力表。

5　安全注意事项

5.1　施工人员穿戴齐全劳保用品，正确佩戴空气呼吸器及便携式硫化氢检测仪，双人双岗作业。

5.2　施工车辆必须配备防火罩，按指定路线行驶。

5.3　吊装过程中要有专业指挥，系好牵引绳，确保吊装过程中重物处于受控状态，吊装过程中严格执行“吊装安全十不吊”的规定。

5.4　开关阀门时操作人员站在手轮侧面，严禁正对手轮操作。

6　突发事件应急处置

6.1　安装不合格发生渗漏。

6.1.1　立即关闭7#阀门，由集气站人员将4#阀门以上泄压。

6.1.2　对防爆风机的泄漏位置进行吹扫，检测硫化氢浓度，达到施工条件后拆卸采气树帽，检查渗漏原因，重新进行安装。

6.2　拆除时发生人员中毒、人员受伤参照项目一处理方法处理。

项目三　多功能辅助流程吹扫

1　项目简介

多功能辅助流程主要用于气井放喷或测试施工，流程或管线内残余的杂质、积液及酸气会对流程和管线造成腐蚀或堵塞，因此用燃料气对辅助流程或管线进行吹扫，清除杂质、积液及酸气，确保辅助流程正常使用。

2　操作前准备

2.1　气防器具：防爆对讲机4部、视频监控仪1部、便携式硫化氢检测仪7个、正压式空气呼吸器7套。

2.2　工用具：吹扫短节、活动扳手4个、开口扳手2把。

2.3　车辆：值班车1台。

2.4　材料：螺栓松动剂、柴油、清洗油、棉纱、密封脂。

2.5　人员：施工负责人1人、井口组2人、点火组4人。

3　操作步骤

3.1　警戒：警戒组人员疏散放喷池60m范围内与施工无关人员，并在有路口或人员经过区域设置警戒隔离线，点火组负责警戒，防止无关人员进入，达到施工条件。

3.2　点长明火：点火组操作人员携带棉纱和柴油，将含油棉纱放在放喷管线出口处的燃烧桶上，点燃棉纱并迅速撤离至上风口30m以外，通过对讲机告知站内井口操作人员缓慢顺时针打开燃料气阀门，点燃长明火，调节阀门保持火焰高度1～1.5m。

3.3　放空：井口操作人员缓慢打开多功能辅助流程阀门，泄放多功能流程内残余压力。

3.4　拆盲板：施工负责人确认吹扫口阀门处于关闭状态，井口操作人员拆卸燃料气吹扫口盲板螺栓，取下盲板(具体操作按项目盲板拆卸操作执行)。

3.5　连接吹扫短节：将吹扫短节一端连接在燃料气管线上，一端连接在辅助流程吹扫口法兰处，对角上全上紧各条螺栓，确保密封良好。

3.6　吹扫：井口操作人员缓慢顺时针打开吹扫口处燃料气阀门进行吹扫，点火组观察放喷口火焰燃烧情况和排液情况，吹扫30min，确认无液体排出后关闭吹扫口处阀门。

3.7　恢复：操作人员卸掉吹扫短节，安装好燃料气吹扫口盲板(按项目盲板安装操作执行)。

3.8　熄长明火：井口组操作人员关闭放喷口燃料气阀门，关闭多功能辅助流程，点火组确认放喷口处火焰已熄灭，解除警戒。

3.9　完工：施工完毕后，做到工完、料净、场地清。由施工负责人与集气站人员进行作业交接，交接完毕后，签写维保任务派工单。

4　操作要点

4.1　安装盲板前，用棉纱、清洗剂清洗连接处钢圈槽或密封面，钢圈或垫片涂黄油安装在盲板法兰上。

4.2　安装盲板时，对角上全上紧各条螺栓。

4.3　正常吹扫时间不低于30min。

4.4　施工时，保持长明火火焰高度1～1.5m。

4.5　阀门开关到位后，回旋1/2～1/4圈，保持阀板的浮动密封，并挂好开关标识牌。

4.6　开关阀门站在阀门侧面，开关力矩较大时，可使用F扳手，但不能使用加力杠，防止损伤阀门。

5 安全注意事项

5.1 施工人员穿戴齐全劳保用品，正确佩戴空气呼吸器及便携式硫化氢检测仪，双人双岗作业。

5.2 开关阀门时操作人员站在手轮侧面，严禁正对手轮操作。

5.3 施工时防爆排风扇对准施工位置进行吹扫。

5.4 拆除盲板时用清水对拆卸部位进行喷淋，防止硫化亚铁遇空气发生自燃。

5.5 施工时，放喷池周围60m范围内专人警戒，防止无关人员进入造成伤害。

5.6 禁止使用打火机直接点燃(因含有棉纱)，应使用点火棒等点火方法，防止人员烧伤。

5.7 吹扫时，持续观察火焰燃烧情况，防止火焰熄灭。

5.8 点火人员和警戒人员要随身携带正压式空气呼吸器和硫化氢检测仪，选择上风方向观察和警戒。

6 突发事件应急处置

6.1 吹扫过程中发现火焰突然熄灭。

6.1.1 点火组迅速通过对讲机汇报负责人，井口组迅速关闭燃料气阀门。

6.1.2 点火组佩戴空气呼吸器对放喷口及周围划定范围内进行气体检测，确认可燃气体不在爆炸范围内重新点火。

6.2 发生人员烧伤。

6.2.1 迅速扑灭受伤人员烧着的衣物，立即将人员救出烧伤现场，同时拨打救援电话。

6.2.2 脱掉烧伤人员烧坏的衣物。

6.2.3 用清水清洗创面并保护好创面，送医院治疗。

6.3 发生人员中毒、人员受伤参照项目一处理方法处理。

项目四 更换采气树阀门(8#或10#阀门)

1 项目简介

采气树阀门用于控制井内气体的流通和截止，8#或10#阀门(图2－4－1 采气树阀门编号示意图上部左翼)使用频率高，在采气生产过程中会发生阀体内漏、不能正常开关等故障，造成安全隐患或不能满足生产工艺要求，需要更换合格的阀门，以恢复生产需要消除安全隐患。

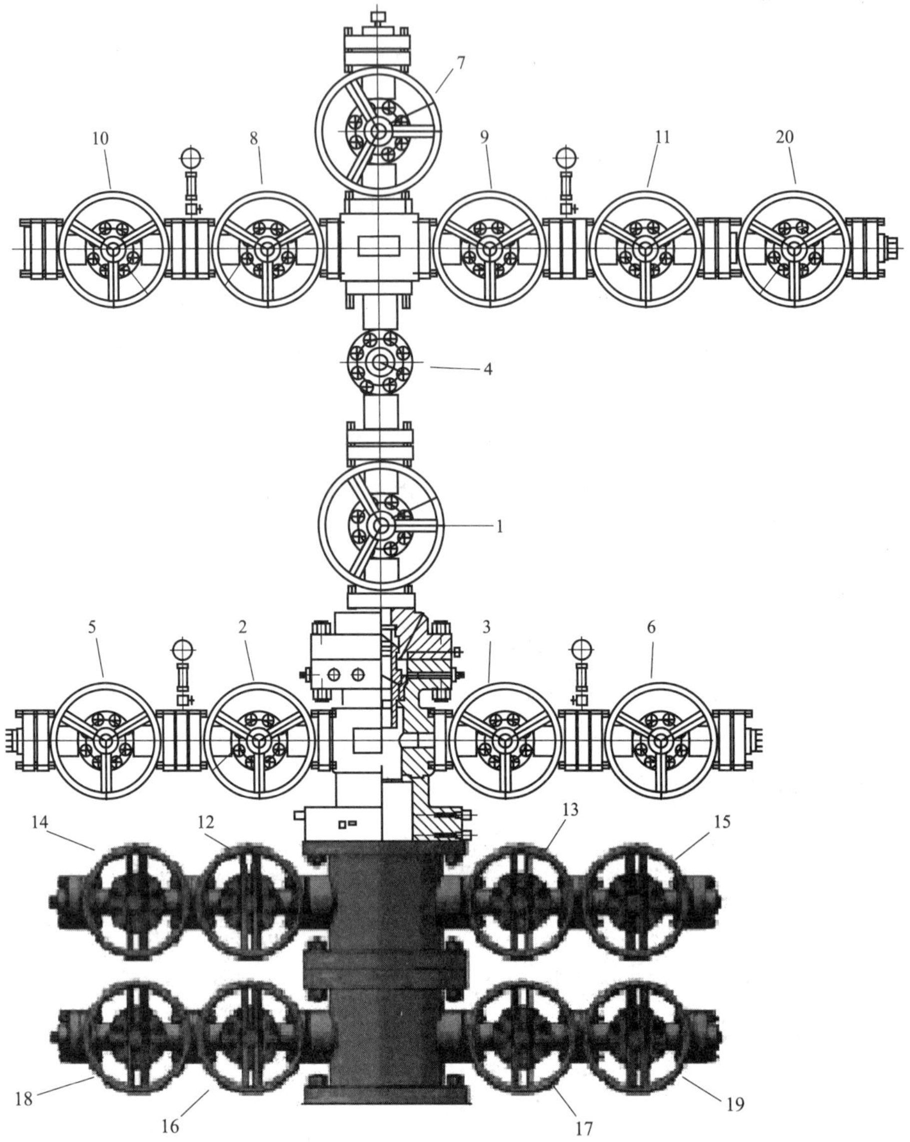

图 2－4－1　采气树阀门编号示意图

1—1#总闸门；2—生产套管左翼 1#闸门；3—套管右翼 1#闸门；4—2#总闸门；5—生产套管左翼 2#闸门；6—套管右翼 2#闸门；7—测压闸阀（又称清蜡闸阀）；8—油管左翼 1#闸门；9—油管右翼 1#闸门；10—油管左翼 2#闸门；11—油管右翼 2#闸门；12—技术套管左翼 1#闸门；13—技术套管右翼 1#闸门；14—技术套管左翼 2#闸门；15—技术套管右翼 2#闸门；16—表层套管左翼 1#闸门；17—表层套管右翼 1#闸门；18—表层套管左翼 2#闸门；19—表层套管右翼 2#闸门；20—右翼笼套式节流阀

2　操作前准备

2.1　气防器具：防爆对讲机4部、视频监控仪1部、便携式硫化氢检测仪8个、正压式空气呼吸器8套。

2.2　工用具：活动扳手2个、井口螺栓扳手2把、600mm管钳2把、1200mm管钳2把，吊带2条，牵引绳2条。

2.3　车辆：水泥车1台、罐车1台、吊车1台、工程车1台。

2.4　材料：螺栓松动剂、清洗油、棉纱、密封脂。

2.5　人员：施工负责人1人、井口组5人、吊装组2人。

3　操作步骤

3.1　确认：施工负责人和集气站负责人共同观察井口油压和采气树帽上部压力、表压力为0MPa，确认具备施工条件。

3.2　拆卸10#阀门。

3.2.1　固定：用吊装带把10#阀门缠绕一圈固定，将吊装带两端挂在吊钩上，随车吊平稳吊住阀门并处于受力状态，拴好牵引绳。

3.2.2　拆卸螺栓：卸松10#阀门两侧法兰的连接螺栓，站在法兰侧面晃动阀门，确认无残余压力后，将两侧螺栓全部拆卸。

3.2.3　随车吊操作人员在司索指挥下平稳起吊，井口组拉好牵引绳，将阀门吊离井口放置到防渗布上。

3.3　如更换的是8#阀门，用同样的方法将8#阀门拆卸。

3.4　安装8#阀门。

3.4.1　检查：核对钢圈型号材质，检查待更换阀门钢圈槽及钢圈是否完好，并涂上密封脂，将新钢圈放置在钢圈槽内。

3.4.2　吊装：将阀门用吊装带缠绕牢固后平稳吊起，拉好牵引绳，司索指挥吊车操作人员起吊至安装位置，缓慢下放，井口操作人员将阀门法兰对好安装位置，钢圈进入钢圈槽内。

3.4.3　紧固：穿好各条螺栓，采用对角上紧的方式依次上紧各条螺栓，确保连接部位缝隙一致，各条螺栓扭矩一致。

3.5　用同样的方法安装10#阀门。

3.6　试压：

3.6.1　连接管线：卸掉多功能辅助流程丝堵，安装由壬接头，将水泥车硬管线连接在由壬上。

3.6.2　倒流程：打开多功能辅助流程阀门，依次打开8#、10#阀门，关闭11#及笼套式节流阀。

3.6.3　试压：用清水分段试压至30MPa，观察各连接部位无渗漏为合格。

3.6.4　泄压：缓慢打开多功能辅助流程阀门，通过放喷管线泄掉流程内压力，水泥车操作人员打开针形阀泄掉水泥车管线内压力。

3.6.5　恢复：拆卸水泥车管线，安装多功能辅助流程处丝堵，水泥车、罐车撤离井场。

3.7　完工：清理现场，做到工完、料净、场地清。由施工负责人与集气站人员进行作业交接，交接完毕后，签写维保任务派工单。

4　操作要点

4.1　安装阀门前仔细检查钢圈槽并保持清洁，核实钢圈规格型号及材质，不合格及时更换。

4.2　拆卸螺栓时，先卸松法兰一侧螺栓，确认无余压后再全部拆卸。

4.3　使用防爆专用工具对角上紧全部螺栓，各条螺栓受力均匀，两端的余扣一致，确保法兰连接部位缝隙一致。

4.4　拆卸及安装时，平稳操作，缓慢起吊，必须使用牵引绳，防止损伤钢圈槽，或碰撞井口设施。

4.5　阀门开关到位后，回旋1/2～1/4圈，保持阀板的浮动密封，并挂好开关标识牌。

4.6　施工前确认待更换的阀门已试压合格。

5　安全注意事项

5.1　施工人员穿戴齐全劳保用品，正确佩戴空气呼吸器及便携式硫化氢检测仪，双人双岗作业。

5.2　施工车辆必须使用防火罩，按指定路线行驶。

5.3　吊装过程中要有专业指挥，系好牵引绳，确保吊装过程中重物处于受控状态，吊装过程中严格执行“吊装安全十不吊”的规定。

5.4　开关阀门时侧身站立，严禁正对阀门操作。

5.5　拆、装卸施工中防爆排风扇对准施工位置进行吹扫。

5.6　拆除时用清水对拆卸处进行喷淋，防止硫化亚铁遇空气发生自燃。

5.7　吊车配合作业时，吊装区域内严禁无关人员进入或进行交叉作业。

6　突发事件应急处置

拆除时发生人员中毒、硫化亚铁自燃或人员受伤参照项目一处理方法处理。

项目五　更换笼套式节流阀

1　项目简介

笼套式节流阀用于降低采气井口压力，调节流量优化采气参数。生产过程中会发生节流阀阀芯冲蚀损坏、开关困难等故障，为保证气井的安全和正常压力调节，需要对损坏的节流阀进行更换以恢复气井的正常生产。

2　操作前准备

2.1　气防器具：防爆对讲机 6 部、视频监控仪 1 部、便携式硫化氢检测仪 10 个、正压式空气呼吸器 10 套。

2.2　工用具：活动扳手 2 个、井口螺栓扳手 2 把、600mm 管钳 2 把、1200mm 管钳 2 把、吊带 3 条、牵引绳 2 条。

2.3　车辆：水泥车 1 台、罐车 1 台、随车吊 1 台、工程车 1 台。

2.4　材料：螺栓松动剂、清洗油、棉纱、密封脂。

2.5　人员：施工负责人 1 人、井口组 4 人、吊装组 2 人、点火组 3 人。

3　操作步骤

3.1　确认：施工前集气站负责关井和泄压，施工负责人和集气站负责人共同观察井口无压力显示，确认具备施工条件。

3.2　警戒：点火组人员疏散放喷池 60m 范围内与施工无关人员，并在有路口或人员经过区域设置警戒隔离线，点火组负责警戒，防止无关人员进入，达到施工条件。

3.3　点长明火：点火组操作人员携带棉纱和柴油，将含油棉纱放在放喷管线出口处的燃烧桶上，点燃棉纱并迅速撤离至上风口 30m 以外，通过对讲机通知集气站操作人员缓慢顺时针打开燃料气阀门，点燃长明火，通过调节阀门保持火焰高度 1～1.5m。

3.4　流程确认：井口组依次打开 8#、10#阀门，关闭 9#、11#阀门，确认笼套式节流阀处于开启状态。

3.5　拆卸笼套式节流阀。

3.5.1　支撑：用管撑将镍基管段支撑牢固。

3.5.2　固定：用吊装带将笼套式节流阀缠绕一圈固定，将吊带两端挂在吊钩上，随车吊平稳吊住节流阀并处于受力状态，拴好牵引绳。

3.5.3　拆卸螺栓：分别对角拆卸节流阀两侧法兰的 8 条螺栓，晃动笼套式节流阀，确认无残余压力后，将两侧螺栓全部拆卸。

3.5.4　随车吊操作人员在司索指挥下平稳起吊，拉好牵引绳，将节流阀吊离井口放置到防渗布上。

3.6 安装笼套式节流阀。

3.6.1 检查：核对钢圈型号材质，检查待更换节流阀钢圈槽及钢圈是否完好，并涂上密封脂，将新钢圈放置在钢圈槽内。

3.6.2 吊装：将节流阀用吊装带缠绕牢固后平稳吊起，拉好牵引绳，司索指挥吊车操作人员起吊至安装位置，缓慢下放，井口操作人员将节流阀两侧法兰对好安装位置，钢圈进入钢圈槽内。

3.6.3 紧固：穿好各条螺栓，采用对角上紧的方式依次上紧各条螺栓，确保连接部位缝隙一致，各条螺栓扭矩一致，取下管撑。

3.7 试压。

3.7.1 连接管线：卸掉多功能辅助流程丝堵，安装由壬接头，将水泥车硬管线连接在由壬上。

3.7.2 倒流程：依次打开8#、10#、9#、11#及笼套式节流阀，关闭下游镍基闸阀。

3.7.3 试压：用清水分段试压至30MPa，观察两侧法兰连接部位无渗漏为合格。

3.7.4 泄压：缓慢打开多功能辅助流程阀门，通过放喷管线泄掉地面安全阀以上及流程内压力，水泥车操作人员打开针形阀泄掉水泥车管线内压力。

3.7.5 恢复：拆卸水泥车管线，安装多功能辅助流程处丝堵，水泥车、罐车撤离井场。

3.8 熄长明火：站内操作人员关闭放喷口燃料气阀门，放喷口处观察人员确认火焰已熄灭，解除警戒。

3.9 完工：清理现场，做到工完、料净、场地清。由施工负责人与集气站人员进行作业交接，交接完毕后，签写维保任务派工单。

4 操作要点

4.1 安装节流阀前清洗检查螺栓、钢圈等配件，不合格的及时更换。

4.2 安装时涂抹密封脂，使用防爆专用工具对角上紧全部螺栓，各条螺栓受力均匀，确保阀门与采气树连接部位缝隙一致。

4.3 对节流阀及镍基管段采用逐级试压的方式，分级试压10MPa、20MPa、30MPa各稳压30min，压降不超过0.5MPa，各连接部位无渗漏为合格。

4.4 施工前确认待更换的节流阀已试压合格。

4.5 阀门开关到位后，回旋1/2～1/4圈，保持阀板的浮动密封，并挂好开关标识牌。

4.6 开关阀门站在阀门侧面，开关力矩较大时，可使用F扳手，但不能使用加力杠，防止损伤阀门。

5　安全注意事项

5.1　施工人员穿戴齐全劳保用品，正确佩戴空气呼吸器及便携式硫化氢检测仪，双人双岗作业。

5.2　施工车辆必须配备防火罩，按指定路线行驶。

5.3　吊装过程中要有专业指挥，系好牵引绳，确保吊装过程中重物处于受控状态，吊装过程中严格执行“吊装安全十不吊”的规定。

5.4　开关阀门时侧身站立，严禁正对阀门操作。

5.5　拆、装卸施工中防爆排风扇对准施工位置进行吹扫。

5.6　拆除时用清水对拆卸处进行喷淋，防止硫化亚铁遇空气发生自燃。

5.7　吊车配合作业时，吊装区域内严禁无关人员进入或有交叉作业。

6　突发事件应急处置

6.1　安装不合格发生渗漏。

6.1.1　立即关闭9#、11#阀门，由集气站人员将11#阀门以后压力通过火炬泄放。

6.1.2　用防爆风机对泄漏位置进行吹扫，检测硫化氢浓度，达到施工条件后拆卸采气树帽，检查渗漏原因，重新进行安装。

6.2　拆除时发生人员中毒、硫化亚铁自燃或人员受伤参照项目一处理方法处理。

项目六　气井泄压放喷

1　项目简介

气井在进行排液、配合生产测试、降低井内压力或录取相关资料时，需通过放喷流程进行点火放喷，到达排液或降压等施工目的。

2　操作前准备

2.1　气防器具：防爆对讲机 2 部、视频监控仪 1 部、便携式硫化氢检测仪 5 个、四合一气体检测仪、正压式空气呼吸器 5 套。

2.2　车辆：工程车 1 台、值班车 1 台。

2.3　材料：柴油、棉纱。

2.4　人员：施工负责人 1 人、井口组 2 人、点火组 2 人。

3　操作步骤

3.1　警戒：警戒组人员疏散放喷池 60m 范围内与施工无关人员，并在有路口或人员经过区域设置警戒隔离线，点火组负责警戒，防止无关人员进入，达到施工条件。

3.2　点长明火：点火组操作人员携带棉纱和柴油，将含油棉纱放在放喷管线出口处的燃烧桶上，点燃棉纱并迅速撤离至上风口 30m 以外，并通过对讲机告知站内井口操作人员缓慢顺时针打开燃料气阀门，点燃长明火，通过调节阀门保持火焰高度 1 ~ 1.5m。

3.3　取压：施工负责人录取井口油压，并做好记录。

3.4　放喷：井口组操作人员顺时针旋转手轮依次关闭笼套式节流阀和 11#阀门，逆时针依次缓慢打开采气树 8#、10#阀门，逆时针依次打开多功能辅助流程阀门，缓慢开启管汇台节流阀泄压放喷，同时和点火组人员保持通信畅通，调节节流阀保持火焰高度 5 ~ 6m。

3.5　放喷时观察油压变化和出口排液情况，及时向生产单位现场负责人汇报，生产单位现场负责人根据放喷情况决定放喷时间、放喷流量和结束放喷时间。

3.6　生产单位负责人通知结束放喷后，依次关闭 8#、10#阀门和多功能辅助流程阀门。

3.7　熄长明火：井口组操作人员关闭放喷口燃料气阀门，点火组确认放喷口处火焰已熄灭，解除警戒。

3.8　完工：施工完毕后，做到工完、料净、场地清。由施工负责人与集气站人员进行作业交接，交接完毕后，签写维保任务派工单。

4　操作要点

4.1　放喷过程中用节流阀控制出口大小，出口火焰控制在 5 ~ 6m。

4.2　调节节流阀时要缓慢平稳，井口组和点火组保持通信畅通，防止火焰熄灭。

4.3　阀门开关到位后，回旋 1/2 ~ 1/4 圈，保证阀板的浮动密封。

4.4　开关阀门站在阀门侧面，开关力矩较大时，可使用 F 扳手，但不能使用加力杠，防止损伤阀门。

5　安全注意事项

5.1　施工人员佩戴并使用空气呼吸器及便携式硫化氢检测仪，双人双岗作业。

5.2　放喷区域设置警戒带，张贴告知书。放喷时路口及周边环境的巡查及警戒，放喷池周围 60m 范围内专人警戒，防止周围居民进入危险区域。

5.3　开关阀门时操作人员应站在手轮侧面，严禁正对阀门操作。

6　突发事件应急处置

6.1　放喷过程中发现火焰突然熄灭。

6.1.1　点火组发现火焰熄灭后迅速通过对讲机向负责人汇报，井口组迅速关闭井口 10#阀门。

6.1.2　点火组佩戴空气呼吸器对放喷口及周围划定范围内进行气体检测，确认可燃气体不在爆炸范围内，可以重新点火。

6.2　发生放喷过程中有周围居民进入危险区域。

6.2.1　警戒人员立即对进入警戒区的人员驱离，告知风险。

6.2.2　如发生不听劝阻，汇报生产单位处理，立即停止放喷，待无关人员离开警戒区域后在施工。

6.3　拆除时发生人员中毒或人员受伤参照项目一处理方法处理。

项目七　拆卸盲板

1　项目简介

盲板安装在井口装置或工艺流程上，作用是将工艺流程内的酸气、燃料气等介质完全隔离，防止由于切断阀关闭不严造成泄漏，影响生产或造成事故。在工艺流程内进行加注药剂、氮气等施工以达到防腐、吹扫目的，因此需进行拆卸盲板为施工作业提供连接通道。

2　操作前准备

2.1　气防器具：防爆对讲机2部、视频监控仪1部、便携式硫化氢检测仪3个、正压式空气呼吸器3套。

2.2　工具：防爆活动扳手4个、开口扳手2把。

2.3　车辆：工程车1台。

2.4　材料：清洗油、棉纱。

2.5　人员：施工负责人1人、井口组操作人员2人。

3　操作步骤

3.1　施工负责人和集气站工作人员共同检查盲板编号，确认待拆卸盲板位置。

3.2　井口操作人员顺时针尝试关闭待拆卸盲板，上下游阀门处于关闭状态，施工负责人观察压力表确认无压力显示，管道内压力已经释放完毕。

3.3　操作人员使用扳手站在相反方向卸松盲板一侧螺栓，用撬杠缓慢撬松盲板，确认盲板内无残余压力，采用喷壶向盲板缝隙喷注清水，将盲板螺栓全部拆卸，取下盲板，用水桶缓慢向法兰内倒注清水。

3.4　操作人员用棉纱、清洗剂清洗钢圈、钢圈槽、法兰面及各条螺栓，检查钢圈、钢圈槽有无刮痕、凹坑、缺口，如有损伤及时进行更换，抹密封脂放在工具架备用。

3.5　完工：施工完毕后，做到工完、料净、场地清。由施工负责人与集气站人员进行作业交接，交接完毕后，签写维保任务派工单。

4　操作要点

4.1　核实盲板编号，确认盲板拆卸位置。

4.2　盲板取下后及时对拆卸部位喷淋清水，防止硫化亚铁遇空气发生自燃。

5　安全注意事项

5.1　施工人员佩戴并使用空气呼吸器及便携式硫化氢检测仪，双人双岗作业。

5.2 拆盲板时，先卸松一侧螺栓确认无残余压力再拆卸其余螺栓。

5.3 拆卸时，人员禁止正对盲板连接处，防止圈闭压力刺漏伤人。

5.4 拆卸时除位置狭小，一律用梅花扳手或死扳手，防止打滑。

6 突发事件应急处置

施工时发生人员硫化氢中毒、硫化亚铁自燃或人员受伤参照项目一处理方法处理。

项目八　安装盲板

1 项目简介

在工艺流程加注药剂、氮气等施工结束后，为彻底将工艺流程内的酸气、燃料气等介质完全隔离，防止切断阀关闭不严造成泄漏影响生产或造成事故，需进行盲板安装、满足工艺需要和安全需要。

2 操作前准备

2.1 气防器具：防爆对讲机 2 部、视频监控仪 1 部、便携式硫化氢检测仪 3 个、正压式空气呼吸器 3 套。

2.2 工具：防爆活动扳手 4 个、开口扳手 2 把。

2.3 车辆：工程车 1 台。

2.4 材料：清洗油、棉纱。

2.5 人员：施工负责人 1 人、井口操作人员 2 人。

3 操作步骤

3.1 施工负责人核实待安装盲板及钢圈规格型号，并检查连接螺栓是否完好。

3.2 操作人员用棉纱、清洗剂清洗待安装盲板钢圈槽及钢圈。

3.3 操作人员在钢圈槽内均匀涂抹密封脂，然后放入钢圈，将待安装盲板对接在法兰上，钢圈入槽后，穿入螺栓，采用对角方式依次上全上紧各条螺栓。

3.4 集气站工作人员切换验漏流程后，操作人员用验漏喷壶在盲板连接处进行喷洒，密封处不渗不漏为合格。

3.5 完工：施工完毕后，做到工完、料净、场地清。由施工负责人与集气站人员进行作业交接，交接完毕后，签写维保任务派工单。

4 操作要点

4.1 安装前，认真核实盲板、钢圈规格型号及材质，有无损伤。

4.2 安装盲板，确保钢圈进入钢圈槽。

4.3 对角上全上紧各条螺栓，确保各条螺栓受力一致，缝隙一致，螺栓两头余扣一致。

5　安全注意事项

5.1　施工人员佩戴并使用空气呼吸器及便携式硫化氢检测仪，双人双岗作业。

5.2　检查选择好工具，防止上扣时打滑造成人员伤害。

6　突发事件应急处置

施工时发生人员硫化氢中毒、硫化亚铁自燃或人员受伤参照项目一处理方法处理。

项目九　加注钝化剂、碱液

1　项目简介

集气站流程或压力容器在进行开放式检维修施工时，为防止硫化亚铁自燃或硫化氢气体溢出，需在流程或压力容器内加注钝化剂或碱液，防止硫化亚铁自燃和吸附硫化氢气体。确保检维修作业在安全环境下进行。

2　操作前准备

2.1　气防器具：防爆对讲机4部、视频监控仪1部、便携式硫化氢检测仪6个、正压式空气呼吸器6套。

2.2　工具：活动扳手4个、开口扳手2把、600mm管钳2把、1200mm管钳2把。

2.3　车辆：水泥车1台、罐车1台、工程车1台。

2.4　人员：施工负责人1人、井口操作人员4人。

3　操作步骤

3.1　检查盲板上游阀门已关闭，达到施工条件。

3.2　操作人员拆卸加注口盲板时按盲板拆卸程序执行。

3.3　操作人员检查并用棉纱清洗钢圈及钢圈槽，将钢圈放置在钢圈槽内，将转换加注接头连接到盲板法兰处，观察钢圈入槽后，穿入连接螺栓，依次对角上紧全部螺栓，将由壬头顺时针安装到转换接头上，连接水泥车管线。

3.4　操作人员检查加注口阀门处于关闭状态，用清水对水泥车管线试压10MPa，稳压15min，各连接部位无渗漏为合格。

3.5　对管线试压合格后，泄掉管线内压力。施工负责人记录液位计液面高度，并计算本次需要加注钝化剂、碱液的用量。

3.6　操作人员打开加注口阀门，启动水泥车开始加注，加注过程中控制泵压≤2MPa，排量≤0.2m^3/min。

3.7　加注时施工负责人观察液位计液面高度变化，达到设计要求后停止加注，做好记录。

3.8　操作人员关闭加注口阀门，用水泥车针形阀泄压，拆卸水泥车管线，拆卸转换接头，安装盲板；按盲板安装程序执行。

3.9　清理井场，做到工完、料净、场地清。

4　操作要点

4.1　拆装盲板时按盲板拆卸安装程序执行。

4.2　加注前必须用清水对连接管线试压，防止加注过程中泄漏造成污染。

4.3　加注过程中，要时刻观察液面变化情况，防止冒罐或憋压。

4.4　加注过程中，水泥车操作人员观察水泥车压力变化，如发生异常压力波动，及时停泵查明原因，采取处理措施后再继续施工。

4.5　录取施工压力、排量、加注液量等数据并做好记录。

5　安全注意事项

5.1　施工人员佩戴并使用空气呼吸器及便携式硫化氢检测仪，双人双岗作业。

5.2　施工车辆进入现场必须配备防火罩，按指定路线行驶。

5.3　施工中若发生管线刺漏，立即停泵进行整改。

5.4　施工现场设置警戒带，严禁非施工人员进入施工区域。

5.5　施工现场铺好防渗布，严禁液体落地污染环境。

5.6　施工人员熟悉站场内逃生路线，情况紧急时，确保人员安全撤离。

5.7　开关阀门时操作人员应站在手轮侧面，严禁正对阀门操作。

6　突发事件应急处置

6.1. 发生管线刺漏。

6.1.1　立即停止加注，泄掉管线内压力，关闭加注口阀门，及时控制泄漏扩大的可能，检查泄漏位置及原因。

6.1.2　施工人员做好防护，在泄漏点处布置防渗布、废液收集桶，用小桶回收落地药剂，并用毛毡吸附小面积药剂；对已污染的地面进行复原清理。

6.2　人员发生化学药剂灼伤。

被灼伤人员迅速脱离危险区域，立即脱掉被污染的衣物，灼伤部位用大量清水进行冲洗，并及时送医院医治。

项目十　加注环空保护液

1　项目简介

普光气田高含硫化氢和二氧化碳气体，为保护套管和平衡封隔器上下压差，需根据套管压力变化情况和含硫监测情况，定期进行环空保护液的加注，降低套管腐蚀速率达到保护套管的目的。

2　操作前准备

2.1　气防器具：防爆对讲机2部、视频监控仪1部、便携式硫化氢检测仪7个、正压式空气呼吸器7套。

2.2　工具：活动扳手4个、开口扳手2把、600mm管钳2把、1200mm管钳2把。

2.3　车辆：水泥车1台、罐车1台、工程车1台。

2.4　材料：柴油、棉纱、环空保护液。

2.5　人员：施工负责人1人、井口组2人、点火组3人、水泥车操作1人。

3　操作步骤

3.1　警戒：警戒组人员疏散放喷池60m范围内与施工无关人员，并在有路口或人员经过区域设置警戒隔离线，点火组负责警戒，防止无关人员进入，达到施工条件。

3.2　点长明火：点火组操作人员携带棉纱和柴油，将含油棉纱放在放喷管线出口处的燃烧桶上，点燃棉纱并迅速撤离至上风口30m以外，并通过对讲机告知站内井口操作人员缓慢顺时针打开燃料气阀门，点燃长明火，通过调节阀门保持火焰高度1~1.5m。

3.3　泄压：井口组操作人员依次打开2#、6#阀门，打开多功能辅助流程的放空阀门，缓慢打开多功能辅助流程节流阀，同时和点火组人员保持通信畅通，缓慢泄放套管内的气体和液体。当生产套管压力降至0MPa同时放喷口不再返出气体和液体后，证明生产套管内压力泄放完毕，关闭多功能辅助放空阀门和节流阀。

3.4　连接：井口组操作人员用管钳将多功能辅助流程丝堵卸掉，连接水泥车硬管线，对水泥车的管线试压35MPa，稳压15min，压降小于0.5MPa，各连接部位无渗漏为合格。

3.5　加注：将多功能辅助流程加注口与生产套管之间阀门依次打开。启动泵车保持排量0.1m^3/min泵注环空保护液，观察套管压力达到设计要求时，停止加注。记录泵注的液量及压力，做好施工过程记录。

3.6　泄压：井口组操作人员关闭生产套管6#阀门及多功能辅助流程闸门，井口组施工人员打开多功能辅助流程节流阀，泄掉管线内压力，井口组操作人员拆卸水泥车管线，水泥车、罐车撤离井场。

3.7　检查丝堵丝扣完好，缠好生料带，井口组操作人员用管钳将丝堵安装在多功能辅助流程上，关闭多功能辅助流程放空阀门。

3.8　熄长明火：井口操作人员关闭放喷口燃料气阀门，点火组人员确认放喷口火焰已熄灭，解除警戒。

3.9　完工：清理现场，做到工完、料净、场地清。由施工负责人与集气站人员进行作业交接，交接完毕后，签写维保任务派工单。

4　操作要点

4.1　水泥车管线必须进行试压，防止施工时出现刺漏。

4.2 施工时录取套压、放喷排出液量、放喷时间、泵注压力、泵注排量、液量等数据。

4.3 加注过程中，水泥车操作人员观察水泥车压力变化，如发生异常压力波动，及时停泵查明原因，采取处理措施后再继续施工。

4.4 阀门开关到位后，回旋1/2～1/4圈，保持阀板的浮动密封，并挂好开关标识牌。

4.5 开关阀门站在阀门侧面，开关较困难时，可使用F扳手，但不能使用加力杠，防止损伤阀门。

5 安全注意事项

5.1 施工人员佩戴并使用空气呼吸器及便携式硫化氢检测仪，双人双岗作业。

5.2 施工车辆进入现场必须配备防火罩，按指定路线行驶。

5.3 施工中若发生管线刺漏，立即停泵泄压后进行整改。

5.4 放喷过程中确保长明火不熄灭，防止有害气体扩散。

5.5 放喷区域设置警戒带，张贴告知书。放喷时加强路口及周边环境的巡查及警戒，放喷池周围60m范围内专人警戒，防止周围居民进入危险区域。

5.6 施工现场铺好防渗布，严禁液体落地污染环境。

5.7 施工人员熟悉站场内逃生路线，情况紧急时，确保人员安全撤离。

5.8 开关阀门时操作人员应站在手轮侧面，严禁正对阀门操作。

5.9 施工区域设置警戒带，非施工人员严禁进入施工区域，施工时严禁跨越高压管线。

6 突发事件应急处置

6.1 拆除时发生人员中毒或人员受伤参照项目一处理方法处理。

6.2 施工发生管线刺漏或化学药剂灼伤时参照项目九处理方法处理。

第三单元　井口控制系统维护

项目一　气控液型井口安全控制系统巡检

1　项目简介

井口控制系统是重要的井控设备，能在发生泄漏、井口压力异常以及火灾时实现自动关井，保护井口设备和集气站设备，同时可以远程或手动实现开关井操作，因此需定期对控制系统进行巡检以保证系统运行安全可靠。本项目介绍气控液型控制系统的巡检步骤。

2　操作前准备

2.1　气防器具：防爆对讲机 2 部、视频监控仪 1 部、便携式硫化氢检测仪 4 个、正压式空气呼吸器 4 套。

2.2　工用具：工具箱 1 只、专用维保工具 2 套、棉纱。

2.3　人员：施工负责人 1 人、操作人员 3 人。

3　操作步骤

3.1　施工人员通知站控室做好系统超驰并告知中控室。

3.2　空气压缩机检查。

3.2.1　检查确认空气压缩机电路已接通，气动管线接头无泄漏，接地保护正常。

3.2.2　检查确认空气压缩机启动按钮处于“AUTO(自动)”位置，输出压力为 6～8bar（$1bar = 10^5Pa$）。

3.2.3　检查空气压缩机附属部件(干燥机、过滤器等)无异常。

3.2.4　关闭空气压缩机，启动氮气瓶给井口控制柜提供气源，并检查先导压力。

3.3　控制系统检查。

3.3.1　检查确认控制柜 220V AC 电源接通，气源接头无泄漏，压力值为 6～8bar。

3.3.2　检查确认液压油在油位指示器上观察口 1/3～2/3 处。

3.3.3　检查确认“中压手动泵供液”阀、“高压手动泵供液”阀处于关闭位置，“高压泵”“中压泵”处于开启位置，“地面液控供液”阀、“井下液控供液”阀处于开启位置。

3.3.4 检查确认各井一级节流后高低压限压阀是否渗漏，确认控制柜后面的对应井高低压限位阀的屏蔽球阀处于投用状态。

3.3.5 检查确认井下安全阀屏蔽针阀开关状态。

3.3.6 检查易熔塞是否有渗漏，状态是否正常。

3.4 屏蔽：将井下安全阀屏蔽针阀关闭(顺时针缓慢旋拧至完全关闭)，高低压限位阀三通球阀和回路球阀置于屏蔽状态，地面安全阀带卡套。

3.5 关闭空气压缩机：切断空气压缩机电源开关。

3.6 气控连接管路检查：用验漏喷壶对整个气控管路，检查有无漏点。

3.7 空气压缩机排液：打开空气压缩机底部排液阀，排空后关闭。

3.8 清洁空气滤芯：打开空气过滤器前盖，取下空气滤芯，用软毛刷清洁滤芯，完成后回装，旋紧前盖螺栓。

3.9 检查备用氮气瓶：记录压力，检查阀门开关状态。

3.10 检查各级压力：检查控制柜上各压力表参数有无异常，并做好记录；若压力异常则需进行分析和处理。

3.11 检查控制柜内部连接管线：检查内部各连接处有无渗漏，对渗漏点要进行处理。

3.12 集成块检查：清洗检查装配在集成块上各部件(主控阀、复位阀、溢流阀等)，更换损坏或老化的零件及密封件。

3.13 测试控制系统启停：通过充压后少量泄放蓄能器压力，观察泵的启泵值和停泵值与设定参数是否一致，不一致时需对压力开关进行调整。

3.14 关断测试：依次按下面板上地面、井下安全阀操作手柄，观察地面、井下安全阀液控压力是否下降到0psi(当按下井下安全阀操作按钮时，地面安全阀液控压力先于井下安全阀降到0psi)。

3.15 开启测试：依次拔出面板上井下、地面安全阀操作手柄，观察井下(地面)安全阀液控压力是否上升到正常值。

3.16 解除屏蔽：完成检查和调试后，各级压力稳定无异常，各连接处无漏点，执行件运行正常，则可以解除屏蔽。解除井下安全阀屏蔽时，一人在面板观察压力，一人缓慢逆时针旋拧井下安全阀屏蔽针阀直至打开。投用高低压限位阀三通球阀，解除地面安全阀屏蔽时，侧对阀门缓慢旋松取下地面安全阀卡套。

3.17 记录：填写控制系统维护保养记录表并存档。

3.18 完工：清理现场做到工完、料净、场地清。

4 操作要点

4.1 在进行功能测试时，确保地面安全阀和井下安全阀处于屏蔽状态，防止意外关井。

4.2　带卡套时丝扣旋拧到位后，倒扣1圈，防止测试后无法取下卡套。

4.3　添加控制柜要求的液压油型号，液压油应每年更换一次。严禁将不同型号的液压油混用。

4.4　解除屏蔽后，继续观察30min，确认控制柜运行状态正常。

5　安全注意事项

5.1　操作时必须穿戴防护器具，双人双岗操作，专人监护。

5.2　地面安全阀带卡套时站在阀门侧面进行操作。

5.3　打开空气压缩机储气罐底部排水阀门，进行彻底排水。

5.4　控制管线严禁带压紧固作业。

5.5　在对井口安全控制系统进行常规、周期巡检或应急作业时，应先将井下、地面安全阀及高低压限位阀进行屏蔽。

6　突发事件应急处置

6.1　调试过程中遇紧急情况需关井按以下方法操作。

6.1.1　终止测试，立即恢复控制系统压力，打开井下安全阀屏蔽针阀，取下地面安全阀卡套，按下操作面板地面、井下安全阀手拉阀关井。

6.1.2　如手动关断操作无法关闭地面、井下安全阀时，在穿板处泄放对应井安全阀液控管线压力进行紧急关井。

项目二　液控液型井口安全控制系统巡检

1　项目简介

井口控制系统是重要的井控设备，能在发生泄漏、井口压力异常以及火灾时实现自动关井，保护井口设备和集气站设备，同时可以远程或手动实现开关井操作，因此需定期对控制系统进行巡检以保证系统运行安全可靠。本项目介绍液控液型控制系统的巡检步骤。

2　操作前准备

2.1　气防器具：防爆对讲机2部、视频监控仪1部、便携式硫化氢检测仪6个、正压式空气呼吸器6套。

2.2　工用具：工具箱1只、专业维保工具2套、棉纱。

2.3　人员：施工负责人1人、操作人员3人。

3　操作步骤

3.1　施工人员通知站控室做好系统超驰并告知中控室。

3.2　检查确认控制柜380/220V AC电源接通。

3.3　检查确认液压油在油位指示器上观察口1/3～2/3处。

3.4　检查确认 ESD 手动复位中继阀状态。

3.5　检查确认各井一级节流后高低压限压阀是否渗漏，确认控制柜后面的对应井高低压限位阀的屏蔽球阀处于投用状态。

3.6　检查确认井下安全阀屏蔽针阀处于投用状态。

3.7　检查易熔塞无渗漏，状态是否正常。

3.8　屏蔽：顺时针缓慢旋拧井下安全阀屏蔽针阀至完全关闭，高低压限位阀三通球阀和回路球阀置于屏蔽状态，地面安全阀带卡套。

3.9　检查各级压力：观察控制柜上各压力表参数有无异常，并做好记录，若压力异常则需进行分析和处理。

3.10　检查内部连接管线：观察内部各连接处有无渗漏，若不能明显观察可用验漏喷壶对接头进行验漏，对存在渗漏的点要进行紧固处理。

3.11　集成块检查：清洗检查装配在集成块上各部件（主控阀、复位阀、溢流阀等），更换部分损坏或老化的零件及密封件。

3.12　其余部件检查：清洗检查控制柜内其余部件，更换部分损坏或老化的零件及密封件。

3.13　测试控制系统的启停参数：通过充压后少量泄放蓄能器压力，观察泵的启泵值和停泵值与设定参数是否一致，不一致时需对压力开关进行参数重置。

3.14　关断测试：通过面板上的操作手柄进行关井操作，观察关井是否动作正常，关井后各级压力是否正常。

3.15　开启测试：通过面板上的操作手柄进行开井操作，观察开井是否动作正常，开井后各级压力是否正常。

3.16　清洁：擦洗控制柜内外脏污，清洁内部各管路，集成块。

3.17　解除屏蔽：当完成检查和调试后，各级压力稳定无异常，各连接处无漏点，执行件运行正常，则可以解除屏蔽。解除井下安全阀屏蔽时，一人在面板观察压力，一人缓慢逆时针旋拧井下安全阀屏蔽针阀直至打开，解除地面安全阀屏蔽时，站在侧对阀门的方向慢慢旋松取下地面安全阀屏蔽帽。

3.18　记录：填写控制系统维护保养记录表并存档。

3.19　完工：清理现场做到工完、料净、场地清。

4　操作要点

4.1　在进行功能测试时，确保地面安全阀和井下安全阀处于屏蔽状态，防止意外关井。

4.2　添加控制柜要求的液压油型号，液压油应每年更换 1 次。严禁将不同型号的液压油混用。

4.3　解除屏蔽后，观察 30min，确认控制柜运行状态正常。

4.4　填写巡检记录表，并将发现的问题及时反馈。

5　安全注意事项

5.1　操作时必须穿戴防护器具，双人双岗操作。

5.2　地面安全阀带卡套时站在阀门侧面进行操作。

5.3　在控制系统调试过程中，如遇紧急情况，自动或手动关断操作无法关闭地面或井下安全阀，可解除屏蔽泄放压力或切断对应井安全阀液压管线进行紧急关阀；也可以关闭 11#阀门和节流阀达到关井目的。

5.4　开启地面安全阀前必须在井下安全阀完全开启后进行操作。

5.5　控制管线严禁带压紧固作业。

5.6　在对井口安全控制系统进行常规、周期巡检或应急作业时，应先将井下、地面安全阀进行屏蔽。

6　突发事件应急处置

调试过程中遇紧急情况需关井参照本单元项目一处理方法处理。

项目三　采气井口装置阀板注脂保养

1　项目简介

采气井口平板阀用于井内气体介质的截止和流通，阀板注脂保养为降低阀板密封面磨损减少开关力矩，提高阀门使用寿命的关键措施，因此需定期对阀板进行注脂保养。

2　操作前准备

2.1　气防器具：便携式硫化氢检测仪 4 只、正压式空气呼吸器 4 套。

2.2　工用具：防爆排风扇 1 台、防爆对讲机 2 部、专业维保工具 2 套、防爆扳手 1 套、专业注脂工具 1 套、手动泵 1 套、装料充足的注脂筒 2 支、液压油 20L。

2.3　人员：施工负责人 1 人、操作人员 3 人。

3　施工步骤

3.1　检查确认闸阀开关功能运行正常。

3.2　检查确认闸阀盘根、阀盖连接等无泄漏。

3.3　将防爆排风扇放置在作业部位上风向，对准作业部位进行吹扫。

3.4　拆卸保护帽：用活动扳手在注脂阀上打好备钳，用活动扳手把保护帽从注脂阀上拆除。

3.5　连接注脂枪：把注脂枪连接到注脂阀上。

3.6　注脂：关闭手压泵泄压开关，用手压泵加压，推动注脂筒将润滑脂注入阀腔。

注入一定数量的密封脂后停止注脂。

3.7 拆卸注脂枪：泄掉压力，拆除注脂枪，安装好保护帽。

3.8 活动阀门：开关活动阀门，确认阀门开关灵活。

3.9 记录：做好相关记录并存档。

3.10 完工：清理现场做到工完、料净、场地清。

4 操作要点

4.1 从注脂阀上卸下保护帽，或从注脂阀上卸下注脂枪接头时，必须使用背钳，防止注脂阀卸扣，造成泄漏。

4.2 根据阀门型号，加注足量的润滑脂。

4.3 选用同型号润滑脂，不同型号的润滑脂不能混用。

4.4 加注时反复开关活动阀门 2～3 圈左右，确保闸板充分润滑。

4.5 开关活动阀门不能用加力杆超扭矩开关，防止损伤阀门。

4.6 要保证润滑脂的清洁，严禁混入石子、沙粒等杂质。

5 安全注意事项

5.1 施工器材放置在防渗布上，做到无污染施工。

5.2 活动采气井口安装阀门时，操作人员应侧方站位操作。

5.3 手动泵卸压时，注意观察泄压情况，防止注脂阀内的单流阀关闭不严，阀体内气体泄漏。

5.4 避免夜间或者恶劣天气施工。

5.5 进入方井池作业时，严格按照采气厂受限空间作业相关要求执行。

6 突发事件应急处置

发生注脂阀关闭不严，手动泵无法泄压时应按以下方法操作。

6.1 手动泵继续泵注 5～10 次，冲洗单流阀位置的杂质，手动泵泄压，如压力很快泄放完毕，证明单流阀关闭正常。

6.2 如压力不能快速泄放，手动泵可多次打压泄放压力，直至单流阀关闭正常。

6.3 如仍然不能泄压，汇报生产单位负责人，采取关井泄压的方法，泄除阀内压力，更换新的注脂阀。

项目四 采气井口装置阀门轴承注脂保养

1 项目简介

阀门阀轴部位安装有止推轴承轴套和轴承座，实现阀板在阀体内的上下运动，轴承内必须保持润滑状态，以减小操作时的摩擦阻力，降低开关阀门时的扭矩，因此需要定期对轴承进行注脂保养。

2　操作前准备

2.1　气防器具：防爆对讲机2部、视频监控设备1套、便携式硫化氢检测仪4只、正压式空气呼吸器4套。

2.2　工用具：防爆排风扇、维保工具1套、扳手1套、脚踏式黄油加注工具1套、润滑脂。

2.3　人员：施工负责人1人、操作人员3人。

3　操作步骤

3.1　检查确认针阀无损坏、泄漏点。

3.2　检查确认阀门无损坏、泄漏点。

3.3　检查确认压力表运转正常。

3.4　检查确认阀门开关功能运行正常。

3.5　检查确认笼套式节流阀正常运转。

3.6　检查确认阀门手轮完好。

3.7　检查确认阀门安全剪切销钉完好。

3.8　检查确认阀门开关指示牌指示齐全。

3.9　检查确认阀门盘根无泄漏。

3.10　检查确认阀门阀体与阀盖连接处无泄漏。

3.11　检查确认各阀门阀板与阀座之间无泄漏。

3.12　检查确认螺栓、螺母无松动。

3.13　吹扫：防爆排风扇对施工部位进行吹扫。

3.14　连接：将注脂枪枪头挤入阀盖上的黄油嘴。

3.15　注脂：用脚轻踩脚踏式注脂工具，往轴承内注入润滑脂，直至观察孔流出新鲜润滑脂为止。

3.16　拆卸：取下注脂枪。

3.17　开关活动：开关活动阀门，让润滑脂均匀分布，并把阀门调回到正常工作状态。

3.18　记录：做好相关记录并存档。

3.19　完工：清理现场做到工完、料净、场地清。

4　操作要点

4.1　选用同型号润滑脂，不同型号的润滑脂不能混用。

4.2　装填润滑脂保证清洁，严禁混入石子，沙粒等杂物。

4.3　使用后保持注脂枪清洁，注脂头做好防护，防止变形混入杂物堵塞。

4.4　加注时反复开关活动阀门，确保轴承充分润滑，正常生产的井，阀门开关活动2～3圈即可，避免关井。

4.5　开关活动阀门不能用加力杆超扭矩开关，防止损伤阀门。

5　安全注意事项

5.1　施工井场做到无污染施工。

5.2　活动阀门时，操作人员应侧方站位操作。

5.3　避免夜间或者恶劣天气施工。

5.4　进入方井池作业时，严格按照采气厂受限空间作业相关要执行。

项目五　更换采气井口装置阀门注脂阀

1　项目简介

阀门注脂阀安装在阀盖上，通过注脂阀可以实现对阀门阀体内注润滑脂，注脂阀内有单流阀可以实现正向注脂反向截断阀体内的介质，当注脂阀出现密封失效时必须更换新的注脂阀，防止阀体内介质流出。

2　操作前准备

2.1　气防器具：防爆对讲机2部、视频监控设备1套、便携式硫化氢检测仪4只、正压式空气呼吸器4套。

2.2　工用具：防爆排风扇1台、专业维保工具2套、防爆扳手1套、注脂阀2支、专业注脂工具1套、专用泄压工具1套、验漏喷壶1只、润滑脂、液压油。

2.3　人员：施工负责人1人、操作人员3人。

3　操作步骤

3.1　检查确认采气树阀门各开关状态。

3.2　操作人员在井口控制柜操作面板上按下地面安全阀手柄，关闭地面安全阀，观察明杆是否完全伸出。

3.3　泄压：集气站工作人员将地面安全阀以上压力通过火炬泄放压力至0MPa，施工负责人观察油压压力表并确认。

3.4　吹扫：打开防爆排风扇对施工部位进行吹扫。

3.5　拆卸：用防爆扳手逆时针旋松注脂阀保护帽。

3.6　泄压：

3.6.1　适用于10000psi注脂阀的压力操作。在油嘴通道中插入一个直径1/8in，长度3/4in的销子，将注脂帽慢慢拧紧，直到油嘴中的压力开始泄放，压力迅速消散说明回座有效。

3.6.2　适用于15000psi注脂阀的压力操作。在注入嘴密封套的六角形处放一个扳手，将注入嘴扭松大约1圈，使金属密封脱离密封座泄放注入嘴中的压力。

3.7　更换：从阀体上取下注脂阀，安装相同规格型号的注脂阀。

3.8　注脂：通过新安装的注脂阀向阀体内注入适量润滑脂，观察注脂阀是否正常运行。

3.9　验漏：打开地面安全阀，关闭11#阀门，用验漏喷壶对注脂阀处进行验漏，合格后安装保护帽。

3.10　记录：做好相关记录并存档。

3.11　完工：清理现场做到工完、料净、场地清。

4　操作要点

4.1　开关阀门到位后，必须回旋1/2～1/4圈，保持阀板浮动密封，并挂好开关标识牌。

4.2　侧身拆卸注脂阀，边卸边晃动防止有余压，检查丝扣是否完好。

4.3　安装前丝扣清洗干净，涂抹密封脂，侧身安装并上紧。

4.4　更换采气树7#、8#、9#、10#、11#阀门注脂阀可执行本操作规程。

4.5　安装前合适注脂阀型号，检查是否完好。

5　安全注意事项

5.1　操作时不能正对注脂阀操作，防止造成人身伤害。

5.2　流程内压力要彻底放空，确认无余压后拆除。

5.3　避免夜间或者恶劣天气施工。

5.4　施工人员佩戴并使用空气呼吸器及便携式硫化氢检测仪，双人双岗作业。

6　突发事件应急处置

更换后发生注脂阀渗漏时按以下方法操作。

6.1　立即关闭地面安全阀，集气站人员将地面安全阀通过火炬系统压力泄放。

6.2　用防爆风机对泄漏部位进行吹扫，使气体浓度降低至20ppm（$1ppm=10^{-6}$）以下。

6.3　拆卸注脂阀，检查泄漏原因，重新安装合格的注脂阀。

项目六　更换高低压限位阀根部阀

1　项目简介

高低压限位阀连接在根部阀上，管道内的气体通过根部阀进入限位阀，当维修限位阀或管道内压力释放时，需关闭根部阀，防止酸气泄漏或造成限位阀触发关井；若根部阀出现密封失效时，必须进行更换以保证根部阀密封可靠。

2　操作前准备

2.1　气防器具：防爆对讲机2部、视频监控设备1套、便携式硫化氢检测仪4只、正压式空气呼吸器 4 套。

2.2　工用具：防爆排风扇 1 台、专业维保工具 2 套、防爆扳手 1 套、根部阀 2 支、验漏喷壶 1 只、碱液桶。

2.3　人员：施工负责人 1 人、操作人员 3 人。

3　施工步骤

3.1　检查确认控制柜运行状态。

3.2　检查高低压限位阀屏蔽阀状态。

3.3　检查高低压限位阀根部阀前端截止阀开关状态。

3.4　检查确认一级节流后压力变送器运行状态。

3.5　屏蔽：顺时针缓慢旋拧井下安全阀屏蔽针阀至完全关闭，高低压限位阀三通球阀置于屏蔽状态，地面安全阀带卡套，集气站工作人员在 SCADA 系统人机界面对一级节流后压力进行超驰。

3.6　泄压：顺时针关闭高低压限位阀根部阀前端截止阀，缓慢逆时针打开高低压限位阀泄压阀，泄放阀内余压。

3.7　拆卸：用活动扳手逆时针拆卸高低压限位阀连接管线，拆卸高低压限位阀，再拆卸高低压限位阀根部阀，放置在清洁的干布上。

3.8　安装：检查根部阀，安装相同规格型号的根部阀，安装高低压限位阀，连接管线。

3.9　验漏：关闭根部阀泄压阀，打开前端截止阀，用验漏喷壶对根部阀处进行验漏。

3.10　解除屏蔽：高低压限位阀三通球阀置于投用状态，压力无异常后打开井下安全阀屏蔽针阀，取下地面安全阀屏蔽帽，告知集气站人员解除一级节流后压力超驰。

3.11　记录：做好相关记录并存档。

3.12　完工：清理现场做到工完、料净、场地清。

4　操作要点

4.1　进行更换前，必须屏蔽高低压限位阀，防止触发关井。

4.2　安装时，丝扣处缠好密封带，上紧丝扣，防止渗漏。

4.3　更换后，必须进行验漏。

4.4　在解除屏蔽时，必须先将高低压限位阀投用，后解除井下、地面安全阀屏蔽。

5　安全注意事项

5.1　施工井场做到无污染施工。

5.2　在进行压力泄放时，在泄放口处放置碱液桶，防止污染环境。

5.3　避免夜间或者恶劣天气施工。

5.4　地面安全阀安装卡套时，必须侧身安装，将丝扣上满后，回旋1/2圈，便于拆卸。

6　突发事件应急处置

更换后发生渗漏时按以下方法操作。

6.1.1　立即关闭根部阀前端截止阀，打开根部泄压阀，缓慢泄放压力，用防爆风机对泄漏部位进行吹扫，降低浓度至20ppm以下。

6.1.2　检查泄漏原因，重新安装或更换根部阀。

项目七　井下安全阀功能测试

1　项目简介

安装在气井内，在集气站发生火警、管线破裂、发生不可抗拒的自然灾害等非正常情况时，能紧急关闭，防止井喷、保证油气井的重要井下井控工具，因此需定期对井下安全阀进行测试验证其可靠性。

2　操作前准备

2.1　气防器具：防爆对讲机2部、视频监控设备1套、便携式硫化氢检测仪4只、正压式空气呼吸器4套。

2.2　工用具：手动试压泵及配套管线1套、维保专用工具2套、棉纱、200mL量杯2个。

2.3　人员：施工负责人1人、操作人员3人。

3　施工步骤

3.1　检查井下安全阀液控压力在操作面板上显示为7000～9000psi（1psi＝6894.757Pa）。

3.2　检查确认井下安全阀屏蔽针阀处于打开状态。

3.3　检查井口油压、套压、油温、套温处于正常运行状态。

3.4　笼套式节流阀后至高压放空区流程导通，观察油压压力表已将至0MPa。

3.5　屏蔽：将地面安全阀使用卡套进行屏蔽。

3.6　关井下：就地按下井下安全阀关断按钮，将井下安全阀液控压力泄压至0MPa，关闭井下安全阀。

3.7　泄压：用F扳手站在手轮侧面打开11#阀门，缓慢开启笼套式节流阀对井下安全阀上部压力进行放空至0MPa。

3.8　依次先后关闭笼套式节流阀和11#闸阀，观察油压变化情况。

3.9　测试井下安全阀关闭。观察15min油压上升≤0.5MPa，则说明井下安全阀能够关闭；若15min油压＞0.5MPa，则判断阀门内漏。

3.10 测试井下安全阀开启。

3.10.1 拔出井下安全阀手柄，打开井下安全阀，观察井口油压变化情况，若油压能迅速恢复至关井前压力值，则说明井下安全阀开启功能正常。

3.10.2 若井下安全阀不能打开，可连接手动泵至井口控制柜出口井下安全阀液控压力管线接头处，采用激动法分级打压，打压7000～9000psi（1psi＝6894.754Pa）来开启井下安全阀，如果能开启则说明控制柜内管路存在异常。

3.10.3 如果不能靠激动法打开井下安全阀，首先检查活塞是否动作，通过控制管线加压到正常工作压力，泄压并计量返出液压油体积，至少重复6～10次，比较每次返出的液压油体积，如果体积逐渐增加，说明传压孔和控制管线堵塞。

3.11 对井下安全阀的开关活动情况进行总体评价并做好记录。

3.12 完工：清理现场做到工完、料净、场地清。

4 操作要点

4.1 测试前，地面安全阀使用卡套屏蔽。

4.2 测试时，保证9#、11#阀门全部关闭无渗漏，确保测试数据真实可靠。

4.3 进行井下安全阀测试时，记录开关活动过程中初始开启压力、完全开启压力、延时关闭时间等参数。

4.4 对通过功能测试发现的设备故障及时处理。

4.5 阀门开关到位后，回旋1/2～1/4圈，保证阀板的浮动密封，并挂好开关标识牌。

4.6 手动泵打压时观察泵压上升有无平台期，观察并记录井下安全阀初始开启压力和完全开启压力。

5 安全注意事项

5.1 操作时必须穿戴防护器具，且专人监护。

5.2 井下安全阀系统每半年进行1次开关灵活性试验，判断井下安全阀的密封性。

5.3 掌握井下安全阀本体及控制管线的最大控制压力，避免盲目加压。

5.4 井下安全阀在计划性关断时，应先关闭生产翼阀，等3～5min，待流体平稳后，再关断井下安全阀。

5.5 地面安全阀安装卡套时，必须侧身安装，将丝扣上满后，回旋1/2圈，便于拆卸。

6 突发事件应急处置

调试过程中遇紧急情况需关井参照本单元项目一处理方法处理。

项目八 地面安全阀功能测试

1 项目简介

地面安全阀是与井口控制系统装置相配合，针对集气站各种异常情况，可自动紧急切断关井，切断气源的重要井控设施，因此需定期对井下安全阀进行功能测试确认其可靠性。

2　操作前准备

2.1　气防器具：防爆对讲机 2 部、视频监控设备 1 套、便携式硫化氢检测仪 4 只、正压式空气呼吸器 4 套。

2.2　工用具：维保专用工具 2 套、20cm 刻度尺 1 把。

2.3　人员：施工负责人 1 人、操作人员 3 人。

3　施工步骤

3.1　检查地面安全阀液控压力在操作面板上显示为 3000～4500psi。

3.2　检查确认井下安全阀液控压力正常，处于开启状态。

3.3　检查井口油压、套压、油温、套温处于正常运行状态。

3.4　检查一级节流后压力变送器处于正常运行状态。

3.5　笼套式节流阀后至高压放空区流程导通，观察油压压力表已将至 0MPa。

3.6　观察井下安全阀液控压力，保持井下安全阀处于开启状态。

3.7　在井口控制柜操作面板上按下地面安全阀手柄，关闭地面安全阀，观察液控压力将至 0psi。

3.8　用 F 扳手站在手轮侧面打开 11#阀门，缓慢开启笼套式节流阀对井下安全阀上部压力进行泄压放空。

3.9　测试地面安全阀关闭。先后关闭笼套式节流阀和 11#阀门，开始记录油压变化；若在 15min 内，油压上升不超过 0.5MPa，则说明地面安全阀能够完全关闭。若 15min 后油压超过 0.5MPa，则判断地面安全阀关闭存在异常。

3.10　测量地面安全阀阀杆伸出长度。现场使用刻度尺对阀杆伸出部分进行测量并记录。

3.11　测试地面安全阀开启。在井口控制柜操作面板上拔出地面安全阀手柄，观察液控压力恢复至开启压力，观察井口油压变化情况，若油压恢复至关井前压力值则开启功能正常，若油压没能恢复至开井前压力值，则开启功能存在异常。

3.12　对地面安全阀的开关活动情况进行总体评价并做好记录。

3.13　完工：清理现场做到工完、料净、场地清。

4　操作要点

4.1　测试时，保证 9#、11#阀门全部关闭无渗漏，确保测试数据真实可靠。

4.2　进行井下安全阀测试时，记录开关活动过程中初始开启压力、完全开启压力、延时关闭时间等参数。

4.3　对通过功能测试发现的设备故障及时处理。

4.4　阀门开关到位后，回旋1/2～1/4圈，保证阀板的浮动密封。

5　安全注意事项

5.1　开关阀门时，操作人员应站在侧面开关阀门。

5.2　地面安全阀系统每半年进行1次开关灵活性试验，判断地面安全阀的密封性。

5.3　掌握地面安全阀本体及控制管线的最大控制压力，避免盲目加压。

6　突发事件应急处置

调试过程中遇紧急情况需关井参照本单元项目一处理方法处理。

项目九　更换井口控制柜压力表

1　项目简介

井口控制柜压力表用于显示控制柜先导压力、泵的供给压力、地面和井下安全阀的工作压力等数据，能直观反映控制柜的运行状态，因此需定期进行校验和测试，对损坏或不灵敏的压力表进行更换，确保井口控制系统的正常运行。对损坏的压力表进行更换的施工，旨在提高操作人员对井口控制柜压力表更换的操作技能水平。

2　操作前准备

2.1　气防用具：防爆对讲机2部、视频监控设备1套、便携式硫化氢检测仪4只、正压式空气呼吸器4套。

2.2　工用具：控制系统专用工具2套、棉纱、新压力表。

2.3　人员：施工负责人1人、操作人员3人。

3　施工步骤

3.1　施工人员通知站控室做好系统超驰并告知中控室。

3.2　检查控制系统各级压力表运行状态。

3.3　屏蔽：顺时针缓慢旋拧井下安全阀屏蔽针阀至完全关闭，高低压限位阀三通球阀和回路球阀置于屏蔽状态，地面安全阀带卡套。

3.4　泄压：关闭电泵电源：关闭井下、地面安全阀手动复位中继阀；开启高压泵、中压泵放空阀对井口控制系统各级压力进行泄压，压力下降至0psi。

3.5　拆卸：用扳手拆卸损坏的压力表卡套接头，拆卸压力表与控制柜面板螺丝，取出压力表。

3.6　安装：检查确认新压力表规格型号，新压力表放入控制柜面板内，用螺丝固定锁紧，用扳手将压力表与连接管线上的卡套上紧。

3.7　充压：关闭高压泵、中压泵放空阀，开启电泵电源，拔出井下安全阀手拉阀，观察压力恢复至开启压力，拔出地面安全阀手拉阀，观察压力恢复至开启压力。

3.8　验漏：观察更换的压力表恢复至正常压力后，对压力表接口处进行查漏。

3.9　解除屏蔽：顺时针开启高低压限位阀球阀，地面安全阀取下卡套，逆时针旋拧打开井下安全阀屏蔽针阀，观察控制柜运行状态30min，确认无异常。

3.10　记录：填写更换压力表记录。

3.11　完工：清理现场做到工完、料净、场地清。

4　操作要点

4.1　检查确认待更换压力表完好无损、量程合适且在检定期内。

4.2　填写记录时把压力表规格型号、精度等级、仪表位号、厂名、使用地点、换表原因、时间等栏目填写清楚。

5　安全注意事项

5.1　在控制系统调试过程中，如遇紧急情况，自动或手动关断操作无法关闭的地面或井下的安全阀，可解除屏蔽泄放压力或切断对应井安全阀液压管线进行紧急关阀，也可以关闭$11^{\#}$阀门达到关井目的。

5.2　未泄掉压力表内压力前不能拆卸压力表。

5.3　拆卸压力表时应先松动连接压力表的卡套接头，确认压力泄放。

5.4　操作时，应使用两把活动扳手，扳手开口大小应与被夹持工件表面相吻合。

5.5　避免夜间或者恶劣天气施工。

6　突发事件应急处置

更换过程中遇紧急情况需关井时，应终止更换压力表，拆卸穿板处地面安全阀液控管线接头，连接手动泵打压至开启压力，取下屏蔽帽，泄放地面安全阀液控管线压力进行紧急关井。

项目十　高低压限位阀更换密封圈

1　项目简介

高低压限位阀安装在井口镍基闸阀后，当管线压力低于8.5MPa或高于30MPa时，高低限压阀组的低压阀或高压阀动作换向，使连接到高低限压阀OUT接口的先导控制回路管线泄压实现地面安全阀关闭。当高低压限位阀出现密封损坏渗漏时，应及时更换密封圈防止意外关井。

2　操作前准备

2.1　防爆对讲机2部、视频监控设备1套、便携式硫化氢检测仪4只、正压式空气呼吸器4套。

2.2　工用具：控制系统专用工具2套、相同规格型号高低压限位阀密封圈1套、验漏喷壶 1 个。

2.3　人员：施工负责人 1 人、操作人员 3 人。

3　施工步骤

3.1　施工人员通知站控室做好系统超驰并告知中控室。

3.2　检查确认高低压限压阀屏蔽球阀运行状态。

3.3　检查井下、地面安全阀运行状态。

3.4　检查一级节流后压力变送器运行状态。

3.5　超驰：在 SCADA 系统人机界面对一级节流后压力变送器高高、低低报警进行超驰。

3.6　就地屏蔽：屏蔽井下、地面安全阀，屏蔽高低压限位阀回路球阀、高低压限位阀根部阀。

3.7　泄压：关闭高低压限位阀根部阀，打开泄压阀，泄放阀腔内余压。

3.8　拆解：拆卸高低压限位阀液控管线，拆卸高低压限位阀阀体，取下高低压限位阀活塞，取下已损坏的密封圈，更换相同规格型号的密封圈。

3.9　安装：安装高低压限位阀活塞，安装高低压限位阀阀体，连接高低压限位阀管线。

3.10　投用：开启高低压限位阀根部阀，打开高低压限位阀屏蔽球阀。

3.11　验漏：用验漏喷壶对高低压限位阀进行验漏，无漏为合格。

3.12　解除屏蔽：地面安全阀取下卡套，逆时针旋拧打开井下安全阀屏蔽针阀，观察控制柜运行状态 30min，确认无异常。

3.13　取消超驰：在 SCADA 系统人机界面对一级节流后压力高高、低低报警取消超驰。

3.14　记录：填写更换高低压限位阀密封圈维修记录。

3.15　完工：清理现场做到工完、料净、场地清。

4　操作要点

4.1　核实密封圈规格型号，仔细检查密封圈有无损坏。

4.2　安装活塞前，对阀腔进行清洗，仔细检查阀内有无残存异物。

4.3　安装密封圈及安装活塞时，阀体内均匀涂抹润滑脂，防止划伤密封圈。

4.4　更换密封圈前，必须屏蔽地面和井下安全阀。

4.5　限位阀内的压力必须彻底泄放，在无压状态下拆卸。

4.6　操作时，应使用两把活动扳手，扳手开口大小应与被夹持工件表面相吻合。

5　安全注意事项

5.1　当高低压限位阀泄压放空时，操作人员应侧方站立操作。

5.2 拆卸高低压限位阀卡套接头时，应将卡套接头慢慢卸松，泄放液控管线余压。

6 突发事件应急处置

更换过程中遇紧急情况需关井，自动或手动关断操作又无法关闭地面或井下安全阀时，可解除屏蔽泄放压力或切断对应井安全阀液压管线进行紧急关阀；也可以关闭11[#]阀门和笼套式节流阀达到关井目的。

项目十一 更换井口安全控制系统液压油

1 项目简介

井口控制系统液压油。质量将在很大程度上影响液压系统的工作可靠性和使用寿命。液压油在长期使用过程中，由于空气、水、杂质、热、机械剪切、搅动作用等因素的影响，发生物理和化学变化导致液压油性能发生变化，因此需定期检测油品性能并定期进行更换。

2 操作前准备

2.1 防爆对讲机2部、视频监控设备1套、便携式硫化氢检测仪4只、正压式空气呼吸器4套。

2.2 工用具：控制系统维保专用工具2套、加注管线5m、液压油三级过滤器1套、加油枪1支、棉纱、液压油100L、毛刷1只、100L废油回收桶1个。

2.3 人员：施工负责人1人、操作人员3人。

3 施工步骤

3.1 检查确认控制系统运行状态。

3.2 检查确认控制柜供电正常。

3.3 检查确认油箱排污球阀开关功能正常。

3.4 屏蔽：关闭井下安全阀大四通旁的液控管线针阀，地面安全阀带卡套，使其处于全开状态。

3.5 停泵：关闭泵的电源，观察井口控制系统各级压力。

3.6 泄压：依次按下控制面板上井下安全阀手拉阀和地面安全阀手柄，打开中压蓄能器和高压蓄能器泄放针阀，将系统内的压力全部泄放至0psi。

3.7 排放存油：打开油箱排污球阀，将油箱内的所有存油排放至废油回收桶内。

3.8 清洗油箱：将新液压油利用加油枪加至油箱，将残留的液压油置换以后，关闭排污球阀。

3.9 加注新油：将液压油缓慢加入油箱，直到油位达到油箱的2/3时停止加注。

3.10 调试：更换液压油工作完毕后，开启电泵电源，压力正常后，拔出井下安全阀手柄，观察液控压力恢复至正常压力；拔出地面安全阀手柄，观察液控压力恢复至正常压力。

3.11 解除屏蔽：试运行正常后打开井下安全阀大四通旁的液控管线针阀，取消地面安全阀上的金属锁定帽，井口控制柜投入正常运行。

3.12 记录：做好井口安全控制系统维护保养记录。

3.13 完工：清理现场做到工完、料净、场地清。

4 操作要点

4.1 打开蓄能器泄放阀时应缓慢泄放压力，防止损坏蓄能器。

4.2 更换时必须彻底排除油箱内的旧液压油。

4.3 在进行更换前，必须屏蔽地面和井下安全阀，防止失压关井。

4.4 更换后，控制柜内压力全部恢复正常，反复开关两次手拉阀试运行正常后才能解除屏蔽。

4.5 新液压油必须经过三级过滤后才能加注。

5 安全注意事项

5.1 施工时做好防渗措施，防止泄漏污染。

5.2 换下的废油要进行回收统一处理。

5.3 油品更换完成后要用棉纱将现场油污擦拭干净。

5.4 液压油加注高度不能超过液位计上限值。

项目十二 在线维修整体式采气树7#阀门

1 项目简介

整体式采气树因1#、4#、7#阀为整体结构，阀门出现故障时如果整体拆卸后维修，必须经过压井或下背压阀才能实施，施工周期长，安全风险大，因此整体式采油树7#阀门出现故障时，采用在线维修施工，缩短施工周期，降低施工难度和风险。

2 操作前准备

2.1 气防用具：防爆对讲机4部、视频监控设备1套、便携式硫化氢检测仪6台、正压式空气呼吸器6套。

2.2 配件准备：阀盖与阀体之间的金属密封1件、提升螺母1个、阀板1件、阀杆1件、阀座2个、阀座(含密封件)2套、阀杆密封1套、注脂阀1只、阀门剪切销钉1颗。

2.3 工具准备：清洗用柴油、棉纱、油盆、毛刷、扳手、撬杠、900mm管钳2把、注脂枪一套、液压油。

2.4 人员：施工负责人1人、操作人员5人。

3 施工步骤

3.1 确认：施工负责人和集气站负责人共同观察井口无压力显示。

3.2　验漏：操作人员关闭生产翼 11#阀门，通过 9#和 11#阀门之间仪表法兰上压力表观察油压，记录 30min 油压变化情况，检验 4#地面安全阀密封良好，无压力显示具备施工条件。

3.3　拔出快速释放销钉，拆卸阀门手轮。

3.4　拆除阀盖与阀体连接螺母。

3.5　转动移除阀盖与阀体之间的金属密封。

3.6　把阀板和阀盖一起提出阀体。

3.7　取出阀门引导装置，拆卸阀门阀座及阀座密封件。

3.8　清洗并检查阀门腔体有无明显损坏或者异物。

3.9　检查阀座密封面是否完好、阀板密封面是否有划痕，密封件、贝式弹簧如有损坏应更换。

3.10　在每个阀座表面均匀涂抹一层薄薄的润滑脂。

3.11　在每个阀座上都安装一个贝式弹簧、密封件，并在每个阀座外密封上涂上薄薄的一层润滑脂。

3.12　仔细把每一个阀座装入阀座腔体内。

3.13　在阀杆丝扣上均匀涂抹一层薄薄的润滑脂。

3.14　在阀板表面和阀座表面涂上润滑脂。

3.15　在阀门提升螺母上涂上润滑脂并安装到阀板提升螺母槽内。

3.16　将阀杆与提升螺母进行连接。

3.17　把阀板插入两个阀座的中间，一直压入阀腔底部，调整阀门提升螺母的位置，让阀杆通过。

3.18　清洗阀盖与阀体之间的金属密封槽。

3.19　在阀盖与阀体之间的金属密封槽内涂上一层薄薄的润滑脂。

3.20　在阀体上安装一个新的阀盖金属密封。

3.21　调整阀盖总成和阀体之间的位置。

3.22　在阀杆上套上手轮并逆时针旋转，把阀杆压入阀板内，阀盖会镶入阀盖螺栓并与阀体连接上。

3.23　继续逆时针旋转手轮几圈，把阀板提高一些，使其离开阀底，取下手轮。

3.24　将标上记号的螺栓一一对应拧入阀盖与阀体之间的螺栓孔。

3.25　按照十字交叉原则上紧阀盖螺母。

3.26　检查阀杆密封，如果阀杆密封异常，则按照阀杆密封更换操作规程对阀杆密封进行更换。

3.27　安装阀门手轮。

3.28　连续开关阀门数次，确保阀门开关正常。

3.29　试压车连接多功能辅助流程，关闭 7#阀门，打开 8#、10#阀门，对采气树阀门进行试压，试压合格后投入正常使用。

3.30　完工：清理现场做到工完、料净、场地清。

4　操作要点

4.1　阀盖安装过程中，应注意法兰密封面不能有任何干硬油污和泥沙，如有必须清除干净，并用清洁油脂保护；钢圈要小心谨慎装入槽内。

4.2　螺栓标上记号，回装时对应装入螺栓孔。

4.3　螺栓要对角均匀紧固，保证法兰之间的间隙要一致。

4.4　安装完毕应做好润滑保养，加足润滑脂。

4.5　阀门安装结束后，要进行试压、验漏、整改合格。

4.6　维护保养阀门的工作中，使用的工具、用具选择要恰当，严禁小工件用大扳手，甚至活动扳手当榔头使用。

4.7　应注意所使用润滑油料的清洁，切勿渗入泥沙，否则阀杆转动时表面会损伤，导致填料难于密封引起泄漏。

4.8　在取下闸板的中心处任意一面上做个记号，在安装闸板时做到闸板不要改换方向，确保密封面吻合。

4.9　阀门在检修之前备齐阀杆密封、阀座及阀座密封、阀盖与阀体之间的金属密封，以有效保障阀门维修。

5　安全注意事项

5.1　拆卸过程中，作业人员和监护人员，必须穿戴劳保用品，使用正压式空气呼吸器，佩戴便携式硫化氢检测仪。

5.2　作业过程中使用防爆工具、防爆设备设施等有效措施，避免火花产生。

5.3　确认在线维修阀门上游、下游通道内无压力。

5.4　拆卸阀盖时，确认阀体内无残存压力。

5.5　拆开阀体后，立即喷淋清水，防止硫化亚铁自燃。

5.6　拆卸时，防爆风机持续对施工部位吹扫。

6　突发事件应急处置

阀盖拆开后硫化氢浓度超过 100ppm 时应按以下方法操作。

6.1　立即停止作业，所有人员迅速向上风方向撤离。

6.2　防爆风机持续对井口吹扫，并检测硫化氢，当硫化氢浓度低于 20ppm 时可继续施工。

第四单元 压力容器清洗

项目一 配制清洗药剂

1 项目简介

压力容器依据其容积大小和垢质成分的不同，在清洗时需要配置一定数量和浓度的化学清洗药剂，达到最佳的冲洗效果。

2 操作前准备

2.1 气防用具：便携式硫化氢检测仪。

2.2 防护用品：防护服、耐酸碱手套、防护眼镜、防护口罩等。

2.3 工用具：管线一套、防渗布、残液收集桶。

2.4 人员：施工负责人 1 人、操作人员 5 人。

3 施工步骤

3.1 操作人员穿戴好防护用品，使用专用工具打开药剂桶桶盖。

3.2 将管线一端连接至冲砂车进口处，另一端插入药剂桶底部，打开药剂仓进液阀门及冲砂车进口阀门。

3.3 确认其他阀门处于关闭状态，启动循环泵，将药剂抽至药剂舱内；当桶内液体出完后，停泵，关闭冲砂车进口阀门，将管线插入其他待抽液桶内，重复抽取药剂，根据设计要求用量备好药剂。

3.4 配制好后负责人再次确认空桶数量，计算药剂配制量，对比冲砂车液位计显示数据，确认无误后拆卸管线、关闭冲砂车所有阀门。

3.5 清理配制现场，将管线清洗干净，放置在合适位置，并做好安全防护和警示。

4 操作要点

4.1 按设计要求配置合适浓度和数量的冲砂药剂。

4.2 不能混合的药剂在不同的仓室分开配置，防止药剂提前发生反应，降低清洗效果。

5 安全注意事项

5.1 配置时做好防渗措施，防止药剂溅落地面。

5.2 施工时观察罐内液面变化，防止冒罐。

5.3 配置药剂结束后，必须对管线进行清洗。

5.4 人员穿防护服带护目镜进行药剂配置施工，防止药剂对人体造成伤害。

5.5 如药剂沾染皮肤及衣物时立即用大量清水清洗。

6 突发事件应急处置

6.1 发生冒罐。

6.1.1 人员迅速撤离，防止药剂喷溅到身体上，并立即停泵。

6.1.2 确认溢出药剂量，工作人员做好防护用小桶回收落地药剂，并用毛毡吸附小面积药剂；将配置区域的防渗布回收统一处理。

6.2 发生人员被药剂灼伤，应立即脱掉被污染的衣物，灼伤部位用大量清水进行冲洗，并及时送医院医治。

项目二 压力容器冲砂

1 项目简介

压力容器在生产过程中大量的固体杂质沉积在容器底部，堵塞罐底排污管线，加剧容器底部腐蚀，因此需定期对压力容器进行冲洗，达到恢复压力容器有效容积、解除堵塞和减缓腐蚀的目的。

2 操作前准备

2.1 气防器具：防爆对讲机 4 部、视频监控仪 1 部、便携式硫化氢检测仪 5 个、正压式空气呼吸器 5 套。

2.2 工具：防爆活动扳手 4 个、开口各扳手 2 把、600mm 管钳 2 把、1200mm 管钳 2 把、转换接头 2 套。

2.3 车辆：冲砂车 1 台、工程车 1 台。

2.4 材料：螺栓松动剂、清洗油、棉纱、密封脂。

2.5 人员：施工负责人 1 人、操作人员 4 人。

3 操作步骤

3.1 将冲砂车停放至距离压力容器 10m 左右位置。

3.2 施工负责人和集气站负责人共同确认被清洗压力容器已隔断，观察压力表无压力显示。

3.3 顺时针试关闭确认压力容器冲砂进口和出口盲板上游阀门已关闭，拆除压力容器冲砂口进出口盲板(按盲板拆卸程序执行)，安装转换接头，将冲洗进出口软管线与压力容器冲砂进出口连接。

3.4 打开清水仓底部阀门，逆时针旋转90°打开转换接头处取样球阀，司机启动循环泵，管线内空气排空球阀流出清水后，顺时针旋转90°关闭取样球阀，用清水对管线试压0.8MPa，确保管线及各连接头部位不刺不漏，关闭清水仓底部阀门。

3.5 打开压力容器冲砂进口阀门，打开药剂仓底部阀门，启动循环泵，向压力容器内加注药剂，排量控制在$10m^3/h$，观察压力容器液位达到设计要求高度时停泵。具体要求见表4-2-1。

表4-2-1 压力容器冲砂液位控制表

序号	压力容器名称	液位值/%
1	计量分离器	50～80
2	火炬分液罐	40
3	污水缓冲罐(产出水)	10～20
4	污水汽提塔(产出水)	80
5	酸液缓冲罐	10～20

3.6 试循环，打开压力容器冲砂出口阀门，打开冲砂车进口阀门，使进路和回路畅通，启动设备清洗泵，进行大排量正循环作业，控制排量$25m^3/h$，使药剂和容器内的沉淀物充分接触，循环1h正常后停泵；恢复压力容器进出口盲板。

3.7 浸泡12～14h，使药剂和容器内的沉淀物充分溶解。

3.8 拆除压力容器进出口处盲板，安装转换接头连接进出口管线，打开压力容器冲砂进出口阀门和冲砂车进出口阀门，启动清洗泵，保持泵压0.4MPa，控制排量在$25m^3/h$进行循环冲砂。循环2h浸泡1h，循环3次。

3.9 打开取样球阀，用取样瓶取样500mL，对pH值、相对密度、颜色进行检验，确认合格后，打开废液仓顶部阀门，关闭压力容器冲砂进口阀门，启动循环泵将压力容器内废液回收至冲砂车废液仓内，观察废液仓内液位计变化观察，防止冒罐，当被清洗压力容器液位计降至1%～5%后停止回收，关闭废液仓顶部阀门。

3.10 打开清水仓底部阀门，打开冲砂进口阀门，向压力容器内注入$1m^3$清水。

3.11 关闭清水仓底部阀门，启动循环泵，循环冲洗30min后停泵。

3.12 打开废液仓顶部阀门，关闭压力容器冲砂进口阀门，启动循环泵，将废液回收至废液仓内，站控室被清洗压力容器液位计降至1%～5%后停止回收。

3.13 关闭压力容器进、出口阀门，拆除循环管线及转换接头，恢复压力容器进、出口盲板。

3.14 完工：清理现场做到工完、料净、场地清。

4 操作要点

4.1 施工前必须和集气站工作人员共同确认被清洗容器已经有效隔离并泄压。

4.2 药剂加注量满足设计，达到最佳清洗效果。

4.3 每次切换阀门必须现场带班负责人确认。

4.4 循环时，施工人员不断观察压力变化，防止憋泵。

4.5 如出现过滤器前后压力表压差大于0.2MPa时，及时对过滤器进行冲洗。

4.6 药剂浸泡不少于12h。

4.7 冲砂过程中每两小时测量1次液体pH值和液体密度，当液体饱和时重新更换清洗药剂。

4.8 仓室内液体泵出时，要及时向仓室内补充氮气，防止损坏罐体。

4.9 回收药剂时，要将排气阀门打开通过碱液中和箱中和排放。

4.10 碱液中和箱内的液体pH值必须大于10，否则及时更换碱液。

4.11 用清水清洗压力容器时pH值要降至10以下，否则重新加注清水冲洗。

4.12 压力容器上的阀门开关到位后，回旋1/2～1/4圈，保持阀板的浮动密封，并挂好开关标识牌。

5 安全注意事项

5.1 施工人员穿戴齐全劳保用品，正确佩戴空气呼吸器及便携式硫化氢检测仪，双人双岗作业。

5.2 施工车辆必须配备防火罩，按指定路线行驶。

5.3 施工区域设置隔离带，非施工人员严禁进入施工现场。

5.4 施工设备及管线下面铺设防渗布，避免环境污染。

5.5 施工中注意观察压力变化，发现异常立即停泵查明原因，待故障排除后方可继续施工。

5.6 夜间进行浸泡时必须将压力容器进出口阀门关闭，并加装盲板。

5.7 拆开盲板后及时用清水喷淋，防止硫化亚铁自燃。

5.8 如药剂沾染皮肤及衣物时立即用大量清水清洗。

6 突发事件应急处置

6.1 冲砂时发生药剂泄漏。

6.1.1 立即停止循环，关闭循环进出口管线，及时控制泄漏扩大的可能，检查刺漏位置及原因。

6.1.2 工作人员做好防护，然后在泄漏点处布置防渗布、废液收集桶，用小桶回收落地药剂，并用毛毡吸附小面积药剂，对已污染的地面进行复原清理。

6.2　集气站发生火炬系统紧急放空。

6.2.1　立即停止循环，关闭压力容器和冲砂设备进出口管线。

6.2.2　人员撤离现场，通知站场相关管理人员，在站外安全区域等待通知。

6.3　集气站发生硫化氢泄漏。

6.3.1　站外人员发现有硫化氢气体泄漏，迅速正确佩戴正压式空气呼吸器和便携式硫化氢检测仪，撤离至紧急集合点，等待应急领导小组的指令；站内人员发现有硫化氢气体泄漏后，应迅速撤离现场，并上报集气站负责人及人员撤离情况。

6.3.2　泄漏点处置完毕，空气中硫化氢浓度降至安全浓度以下，应急终止。

6.4　人员发生药剂灼伤参照项目一处理方法处理。

项目三　地面流程清洗

1　项目简介

集气站站内流程在生产过程中发生硫沉积，造成管道内结垢减少过流面积或堵塞节流阀降低气井产能，因此需对站内流程进行清洗施工，解除堵塞恢复气井产能。

2　操作前准备

2.1　气防器具：防爆对讲机 6 部、视频监控仪 1 部、便携式硫化氢检测仪 6 个、正压式空气呼吸器 6 套。

2.2　工具：防爆活动扳手 4 个、开口扳手 2 把、600mm 管钳 2 把、1200mm 管钳 2 把、转换接头 2 套。

2.3　车辆：冲砂车 1 台、工程车 1 台。

2.4　材料：螺栓松动剂、清洗油、棉纱、密封脂。

2.5　人员：施工负责人 1 人、操作人员 5 人。

3　操作步骤

3.1　施工负责人和集气站负责人共同确认待清洗流程已停运，观察流程压力表无压力显示。

3.2　将冲砂车停放在距井口 10m 左右的位置。

3.3　拆卸井口镍基闸阀吹扫口处盲板，安装转换接头，将进口管线与接头连接。

3.4　使用清水对管线试压 0.8MPa，确保管线及各连接头部位不刺不漏。

3.5　打开药剂仓底部阀门和冲砂车出口阀门，打开井口吹扫口镍基闸阀，打开加热炉手动放空阀门，司机启动循环泵，保持排量 $10m^3/h$，操作人员观察到手动放空阀门处有液体流动声音后，表示流程内已充满，停止加注，关闭药剂仓底部阀门，关闭加热炉手动放空阀，并记录加注液量。

3.6 拆卸加热炉手动放空阀门下游弯头短节，在放空闸门外侧安装转换接头，将出口管线与转换接头连接。

3.7 打开手动放空闸门，打开冲砂车进口阀门，启动循环泵进行循环清洗，保持排量 25m³/h，同时集气站工作人员启动加热炉对药剂进行加热，保持液体温度在 50～60℃。

3.8 采用循环 1h 时浸泡 1h 的方式进行，每隔 1h 取样测量液体 pH 值和液体密度。

3.9 清洗 4h 后，停循环泵，关闭冲砂车进出口阀门，关闭吹扫口镍基闸阀，关闭加热炉手动放空阀门。

3.10 拆卸进出口管线及转换接头，卸掉镍基闸阀处转换接头，安装盲板；卸掉手动放空阀门处转换接头，安装弯头短节恢复流程。

3.11 完工：清理现场做到工完、料净、场地清。

4 操作要点

4.1 施工前必须和集气站工作人员共同确认待清洗流程。

4.2 清洗前必须确认现场带班负责人。

4.3 循环时，施工人员不断观察压力变化，防止憋泵。

4.4 如出现过滤器前后压力表压差大于 0.2MPa 时，及时对过滤器进行冲洗。

4.5 清洗过程中不断测量药剂 pH 值和液体密度，当液体饱和时重新更换清洗药剂。

4.6 仓室内液体泵出时，要及时向仓室内补充氮气，防止损坏罐体。

4.7 回收药剂时，要及时将排气阀门打开通过碱液中和箱中和排放。

4.8 拆除管线时将管线内残余液体回收至废液仓内防止污染。

4.9 流程上的阀门开关到位后，回旋 1/2～1/4 圈，保持阀板的浮动密封，并挂好开关标识牌。

5 安全注意事项

5.1 施工人员穿戴齐全劳保用品，正确佩戴空气呼吸器及便携式硫化氢检测仪，双人双岗作业。

5.2 施工车辆必须配备防火罩，按指定路线行驶。

5.3 施工区域设置隔离带，非施工人员严禁进入施工现场。

5.4 施工设备及管线下面铺设防渗布，避免环境污染。

5.5 开启涉硫盲板时，及时喷淋降温，防止硫化亚铁自燃。

5.6 施工中注意观察压力变化，发现异常立即停泵查明原因，待故障排除后方可继续施工。

6　突发事件应急处置

6.1　人员发生药剂灼伤参照本单元项目一处理方法处理。

6.2　冲砂时发生药剂泄漏、集气站发生硫化氢泄漏，参照本单元项目二处理方法处理。

项目四　化学清洗剂性能实验

1　项目简介

本项目为验证清洗药剂的性能，通过药剂性能实验，为调整药剂配比改进药剂性能提供依据。

2　操作前准备

实验用具：500mL 烧杯 2 个、磁力搅拌器、温度表、恒温电炉、烘干箱、滤纸、天平、pH 试纸。

3　操作步骤

3.1　用天平称取称取 40g 的垢样。

3.2　用烧杯量取 100mL 化学清洗剂，并测量 pH 值。

3.3　将烧杯放置在恒温电炉上，将药剂加热至 50～60℃并保持恒定。

3.4　将垢样缓慢倒入烧杯内，启动磁力搅拌器搅拌。

3.5　搅拌 2h 充分溶解垢样，搅拌过程中观察垢样，当垢样不在溶解时，停止搅拌。

3.6　烧杯内的液体用滤纸过滤，留取未溶解的垢样。

3.7　把未溶解的垢样放置在烘干箱内烘干。

3.8　用天平将烘干后的垢样称量。

3.9　计算清洗剂的溶垢量，并填写实验报告。

4　操作要点

4.1　称量垢样时要精确，确保实验数据准确。

4.2　控制药剂实验温度在 50～60℃，达到最佳溶垢效果。

5　安全注意事项

5.1　保持实验室通风良好。

5.2　戴好护目镜及橡胶防护手套，做好防护措施。

5.3　避免药剂沾染皮肤造成灼伤危害。

6　突发事件应急处置

人员发生药剂灼伤参照本单元项目一处理方法处理。

第五单元　站场安全

项目一　正确使用正压式空气呼吸器

1　项目简介

正压式空气呼吸器是一种自给开放式空气呼吸器(图 5 - 1 - 1)。主要适用于消防、化工、船舶、石油等处，使施工人员、消防员或抢险救护人员能够在充满浓烟、毒气、蒸汽或缺氧的恶劣环境下安全地进行施工、灭火、抢险救灾和救护工作。通过本项目的学习，提升操作人员现场正确佩戴使用正压式空气呼吸器。

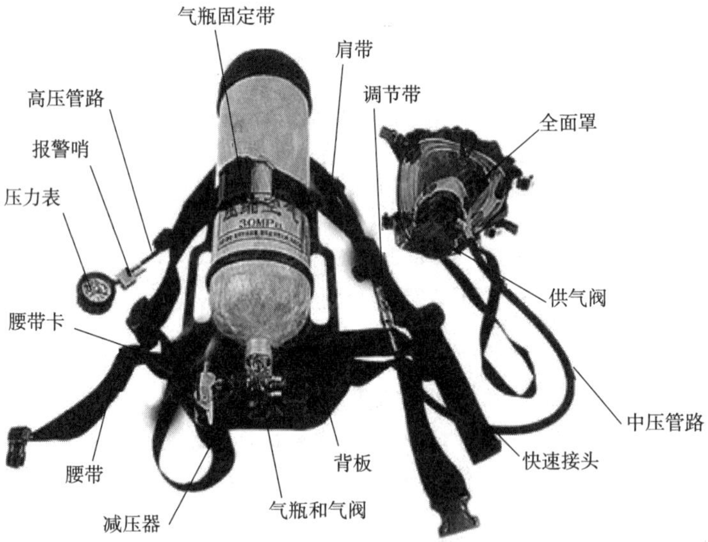

图 5 - 1 - 1　正压式空气呼吸器

2　操作前准备

2.1　检查确认正压式空气呼吸器完好，面罩和供气阀匹配。

2.2　检查确认气瓶压力在 28 ~ 30MPa 之间。

2.3　检查确认报警哨完好，压力小于 5MPa 时开始报警。

3　操作步骤

3.1　佩戴。

3.1.1　佩戴面罩：将面罩上的五根带子放松，把面罩置于使用者脸上，然后将头带从头部的上前方向后下方拉下，由上向下将面罩戴在头上。调整面罩位置，使下巴进入面罩下面凹形槽内，先收紧下端的两根颈带，然后收紧上端的两根头带及顶带，如果感觉不适，可调节头带松紧。

3.1.2　检查气密性：用手按住面罩接口处，通过吸气检查密封性；做深呼吸，若感觉呼吸困难，说明面罩密封性良好，否则再收紧头带或重新佩戴面罩。

3.1.3　背戴气瓶：瓶底朝向自己，两手握住两侧把手，将呼吸器举过头顶，气瓶阀向下背上气瓶，调整肩带、胸带和腰带。

3.1.4　装供气阀：将供气阀和面罩连接，打开气瓶阀，深吸一口气将供气阀打开。

3.1.5　调整：插好腰带扣、胸带扣、拉紧肩带至合适位置，确保扣牢。

3.2　脱卸。

3.2.1　关气：将供气阀和面罩断开，关闭气瓶阀。

3.2.2　取面罩：松开头带，取下面罩。

3.2.3　断开：松开腰带扣、胸带扣。

3.2.4　卸背架：协调操作，脱卸整套呼吸器，使用后进行检查。

4　安全注意事项

4.1　正压式空气呼吸器使用后应及时进行清洁，保持卫生。

4.2　正压式空气呼吸器使用时防止碰撞、损坏。

4.3　呼吸器在使用过程中，应时常检查呼吸控制阀与面罩的连接牢固度和压力表指示的气瓶压力；当气瓶压力减小到报警器的触发压力时，报警器就会鸣叫，这时使用人必须立即撤离有毒区域。

项目二　正确使用便携式硫化氢检测仪

1　项目简介

便携式硫化氢气体检测仪(图5-2-1)，作为安全生产重要的监测仪表，在石油，石化企业有着大量应用，它的主要作用是检测硫化氢气体在空气中的浓度，当空气中的硫化氢含量达到一定浓度时，硫化氢气体检测仪就会自动声光报警，提醒工作人员及时采取相应的措施，对防止发生中毒事故，减少人员伤亡起到了非常重要的作用。通过本项目的学习，提升操作人员现场正确佩戴使用硫化氢检测仪的技能水平。

2　操作前准备

2.1　检查检测仪的检定合格证是否在有效期内。

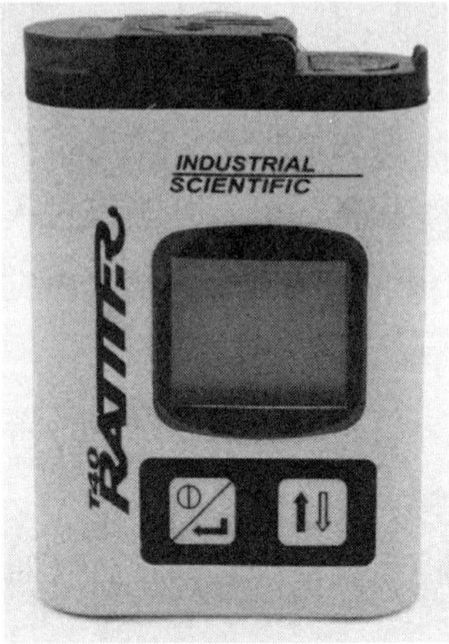

图5-2-1 便携式硫化氢检测仪

2.2 检查确认检测仪外观有无损坏，传感器孔、蜂鸣器孔是否堵塞，鳄鱼夹是否完好，连接螺栓是否松动，仪器背面自编号是否脱落。

2.3 检查开机后显示是否正常(仪器是否鸣叫、闪光、振动，液晶显示屏显示是否完整)，检测仪依次出现的一级报警值10ppm和二级20ppm是否正确。

2.4 检查电池电量是否充足，是否出现电量不足警报(电量不足时仪器每5s响1声并闪烁，每分钟快速震动1次)。

3 操作步骤

3.1 开机方法。按开关机键打开便携式硫化氢气体检测仪，仪表鸣叫，LED闪光、仪器振动，同时显示液晶显示屏上的全部字符。仪表依次出现一级报警值和二级报警值，30s预热后归零，进入监测状态。

3.2 关机方法。关机时按住开关机按键5s以上直至显示OFF关机。

3.3 一级报警和二级报警。

一级报警：当空气中硫化氢含量达到10ppm时，仪器会发出慢速的鸣响，慢速的闪光，并且慢速的震动。

二级报警：当空气中硫化氢含量达到20ppm时，仪器会发出快速的鸣响，快速的闪光，并且快速的震动。

4 安全注意事项

4.1 测量值一旦达到或超过100ppm后，检测仪需进行重新检定。

4.2 正确佩戴和使用检测仪，防止撞击或坠落损坏。

4.3 避免异物堵塞和腐蚀传感器孔、蜂鸣器孔。

4.4 做好检测仪的使用记录。

4.5 使用柔软的湿布清洁仪器表面，严禁使用肥皂、上光剂。

4.6 严禁将仪器浸入液体中。

4.7 及时更换合格的电池。

4.8 严禁擅自对设备进行调校或报警测试。

项目三 正确使用防毒面罩

1 项目简介

防毒面罩作为个人防护器材(图5-3-1)，用于对人员的呼吸器官，眼睛及面部皮肤提供有效防护。防毒面罩可以根据防护要求分别选用各种型号的滤毒罐，应用在化工、仓库、科研、各种有毒、有害的作业环境中。通过本项目的学习，提升操作人员现场正确佩戴使用防毒面罩的技能水平。

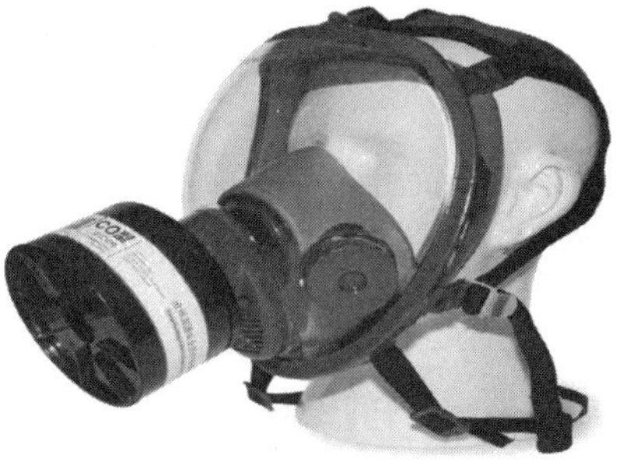

图5-3-1　防毒面罩

2　操作前准备

2.1　必须选择适合使用条件的滤毒罐和面罩。

2.2　滤毒罐必须密封完好无损，且在有效期内。

3　操作步骤

3.1　取出滤毒罐，去掉罐口和罐底的封盖。

3.2　将滤毒罐拧紧到面罩上。

3.3　面罩佩戴。

3.3.1　穿戴时，首先双手将头带分开，接着把下巴放入下巴托。

3.3.2　向下拉整个面罩(确保带子在头顶上放平)，接着均匀且稳定的拉紧头带，先收紧颈部两根，再收紧太阳穴处两根，最后收紧头顶上的一根。

3.3.3　戴上防毒面具后，用手掌封住供气口吸气，如果感到无法呼吸且面罩充分贴合则说明密封良好。

3.3.4　完成以上步骤后即可正常呼吸。

3.4　脱卸面罩。

3.4.1　首先松开头带，方法是用手指向前推各条带子上的带扣。

3.4.2　抓住面罩下部的连接口，将面罩向外拉，脱下面罩。

3.4.3　将滤毒罐的罐口和罐底用盖子盖好封好，使滤毒罐处于密封状态，失效的滤毒罐应及时更换。

3.4.4　存放好防毒面具，以备下次再用。

4　安全注意事项

4.1　防毒面具一般在氧含量>18%、有毒气体浓度<1%的环境中使用，严禁在缺氧环境中使用。

4.2　滤毒罐易于吸潮失效，不到使用时，不得打开罐盖和底塞；使用时注意拧紧螺纹，以防漏气。

4.3　必须清楚环境中毒气的浓度和种类，是否在滤毒罐的过滤浓度范围内。

4.4　滤毒罐不能在密闭空间或可能产生缺氧窒息的环境中使用。

4.5　脱卸前必须回到良好的环境中。

项目四　正确使用手提式干粉灭火器

1　项目简介

手提式干粉灭火器(图5－4－1)可扑灭一般火灾，还可扑灭油气等燃烧引起的失火。干粉灭火器是利用二氧化碳气体或氮气气体作动力，将筒内的干粉喷出灭火的。干粉是一种干燥的、易于流动的微细固体粉末，由能灭火的基料和防潮剂、流动促进剂、结块防止剂等添加剂组成。主要用于扑救石油、有机溶剂等易燃液体、可燃气体和电气设备的初期火灾。通过本项目的学习，提升操作人员现场正确使用灭火器的技能水平。

图5－4－1　手提式干粉灭火器

2　操作前准备

2.1　材料：干粉灭火器，油盆1个、燃油适量，引火棉纱。

2.2　检查灭火器：检查灭火器压力在合格区域内，检查铅封完好，检验日期在有效期之内，检查瓶体无锈蚀损坏，检查喷嘴和喷管无裂纹及堵塞。

3　操作步骤

3.1　引火：将适量燃油倒入油盆内，在上风头用引火棉纱将燃油点燃。

3.2　判断火情：根据火情性质，选择合适型号灭火器。

3.3　灭火：携带灭火器迅速赶赴火场，判断风向，站在火源上风口，离火源3～5m距离，侧身对准火源根部将开启把上的保险销拔下，握住喷射软管前端喷嘴，喷嘴对准着火源根部，另一只手将开启压把压下，打开灭火器使干粉喷出，由近及远左右扫射直至把火焰全部扑灭，在干粉即将喷完前迅速撤离火场，火未熄灭应继续更换灭火器进行灭火操作。

3.4　确认灭火效果：灭火后，松开压把，即停止喷射，检查灭火效果，确认火源是否完全熄灭。

3.5　将使用过的灭火器放到指定位置，注明已使用。

3.6　报告灭火情况，对使用过程进行分析，进一步提高技能。

4　操作要点

4.1　灭火器使用前必须检查。

4.2　根据火情必须选择合适的灭火器。

4.3　灭火前先判断风向，做到风向判断准确。

4.4　在操作灭火时，要注意保持灭火器正立状态，并将干粉射流喷向燃烧的火焰根部。

4.5　在引火时，引火人要站在上风头点火，待火势燃起方可组织灭火。

4.6　在往油盆加油时，加油量控制在油盆容积的三分之一以下。

5　安全注意事项

5.1　操作人员必须穿戴好劳保用品。

5.2　灭火操作时人员要注意站在上风向喷射。

5.3　灭火时，避免冲击液面，以防火种飞溅。

5.4　灭火操作时人员保持足够的安全距离，控制使用时间。

5.5　灭火器开启使用后，不准保存重用。

5.6　保险销拔掉后，喷管口禁止对人，以防伤害。

5.7　灭火结束要及时清点工具，清理现场。

5.8　在引火时，引火人不得站在下风头点火，避免引火时被烧(烫)伤。

项目五　毒蛇咬伤应急处置

1　项目简介

毒蛇毒腺中所分泌的蛇毒，主要为蛋白质，系多肽和多种酶组成。蛇毒可分为神经毒素和血液毒素，前者对中枢、周围神经、神经肌肉传导功能等产生损害作用，可引起惊厥，瘫痪和呼吸麻痹，后者对心血管和血液系统造成损害，引起心律失常，循环衰竭、溶血和出血。普光气田地处四川山区，施工区域内夏秋季节常见毒蛇出没，一旦发生毒蛇咬伤能导致人员中毒，救治不及时可危及生命安全。通过本项目的学习，提升员工应对毒蛇咬伤后的应急处置能力。

2　操作前准备

工用具准备：急救药箱。

3　操作步骤

3.1　判断：发现有人员被毒蛇咬伤后，应立即检查伤口，判断情况。

3.2　绑扎：用绷带在伤口近心端10cm左右进行伤肢绑扎；如在野外没有绷带的情况下，应立即撕下宽2~3cm、长度为能绑扎伤口2.5圈为宜的软而结实的衣物代替绷带。

3.3　紧急排毒处理：缠扎后，可用手指直接在咬痕处挤出毒血，在紧急情况时也可用口吸吮(注意：要在没有口腔溃疡或龋齿情况下)，边吸，边吐，边漱口。当无法挤吸出含毒血液时，再在咬痕处做十字形切开后再行挤、吸。挤、吸毒过程至少为30min(长比短好)；亦可火灼创口(用点燃的香烟靠近排过毒液的伤口处，灼30min以上)进行毒液灭活。

3.4　处置：有条件的一边用清水清洗伤口并冰敷，一边服用季德胜蛇药或其他治疗毒蛇咬伤的药物，在等待医护人员的同时，安抚伤者情绪，尽量减少伤肢运动，更不能奔跑，防止加速毒液扩散。

3.5 汇报：负责人发现有人员被毒蛇咬伤，立即启动应急处置程序，一边处置，一边给调度汇报和说明情况，有车辆条件的立即将中毒人员送至医疗机构救治。

4 操作要点

4.1 判断情况，无毒应按有毒处理，不能粗心大意。

4.2 绑扎要在近心端离伤口10cm左右扎紧，在服用蛇药片或伤口清创处理后，每20min松一次绑扎绑带，每次1~2min，防止伤肢淤血及组织坏死。

4.3 口内应无破损或龋齿，以免吸吮者中毒。

4.4 火灼创口毒液时，切勿造成烧伤。

4.5 汇报情况要准确清晰。

4.6 服用防毒蛇药片，必须按照说明书要求剂量服用。

5 安全注意事项

5.1 施工现场或路途杂草较多时，施工人员应佩戴雄黄袋，用竹棍边敲打边行走。

5.2 施工现场施工人员应配备绑扎绷带及季德胜蛇药片。

5.3 夏季尽量不要徒步走夜路，以防被蛇咬伤。

项目六 机械伤害应急处置

1 项目简介

机械伤害主要是指机械设备运动(静止)部件、工具、加工件直接与人体接触引起的夹击、碰撞、剪切、卷入、绞、碾、割、刺等形式的伤害。各类转动机械的外露传动部分(如齿轮、轴、履带等)和往复运动部分都有可能对人体造成机械伤害。通过本项目的学习，提升机械伤害应急处置的技能水平。

2 操作前准备

2.1 穿戴齐全劳保用品。

2.2 工用具准备：急救药箱。

3 操作步骤

3.1 判断：发现运转机械运转异常，或受伤者有呼救信号后，确认人员受伤的情况。

3.2 停止：启动紧急关停运转设备程序，组织人员使伤者脱离危险区，检查伤情。

3.3 绑扎止血：根据受伤部位和严重程度，进行止血包扎与固定。止血包扎用绷带在伤口近心端10cm左右进行伤肢固定绑扎；如在野外没有绷带的情况下，应立即撕下宽2~3cm、长度为能绑扎伤口2.5圈为宜的软而结实的衣物代替绷带；没有固定夹板的情况下，临时用较直的树枝或木板代替。

3.4　汇报：马上向现场负责人汇报，由负责人启动应急处置程序，给调度发定位和说明情况。

3.5　送医：安抚伤者情绪，尽量减少伤肢活动，配合医护人员转运伤者到医院进行专业救护。

3.6　设置故障区域警示标志。

4　操作要点

4.1　判断情况应准确，紧急关停设备，防止二次伤害，汇报情况，抢救伤员。

4.2　固定绑扎要先查明是否有骨折错位现象，若骨折错位，由专业医护人员复位；如没有明显骨折错位，采用固定止血包扎，在近心端离伤口10cm左右扎紧，每20min松1次绑扎绑带，每次1～2min，防止伤肢淤血及组织坏死。

4.3　如伤者伤势严重，造成呼吸困难或心跳停止，危及生命，应及时启动心肺复苏术急救。

4.4　汇报情况要准确清晰，明确救护详细地址，必要时发定位信息，说明受伤人数、受伤部位、严重程度、受伤原因，留好联系方式，及时保持联系。

5　安全注意事项

5.1　发生事故后，及时转移伤者到安全区域，防止二次事故发生。

5.2　关停设备，应及时与相关人员协调，防止出现连锁反应事故，造成更大损失或人员伤害。

5.3　若伤者有骨折错位，应由专业医护人员复位，防止出现断骨损伤其他神经或肌腱等组织，造成伤势加重。

项目七　心肺复苏技术

1　项目简介

心肺复苏就是对于一些心跳呼吸骤停的患者，采取的人工胸外按压配合人工呼吸的方法，帮助患者进行自主呼吸和自主循环的一种抢救的常用方法。心脏骤停一旦发生，如得不到即刻及时地抢救复苏，4～6min后会造成患者脑和其他人体重要器官组织的不可逆的损害，因此心脏骤停后的心肺复苏必须在现场立即进行，正确采用人工呼吸及胸外心脏按压来进行急救，使患者脱离生命危险。通过本项目的学习，提升心肺复苏技术的技能水平。

2　操作前准备

2.1　穿戴齐全劳保用品。

2.2　工用具准备：急救药箱。

3　操作步骤

3.1　判断意识和求救。

3.2　开放气道。

3.3　胸外心脏按压。

3.4　人工呼吸。

3.5　判断患者恢复情况。

4　操作要点

4.1　判断意识和求救应注意：

4.1.1　轻拍患者面部或肩部，并大声呼唤，如无反应，说明意识已丧失；然后高声呼救，呼唤他人前来帮助，拨打120急救电话。

4.1.2　摆好体位：使患者仰卧在坚实的平面上，头部不得高于胸部。如患者俯面，则必须将患者的头、肩、躯作为一个整体同时翻转而不得使其扭曲。

4.1.3　判断呼吸及脉搏，10s内完成。

4.2　开放气道应注意：

4.2.1　清除气道及口内异物时应使头部偏向一侧，液体状的异物可侧位流出，还可手指包上纱布或手帕将口腔异物掏取出，并注意取出义齿。

4.2.2　打开气道时救护者一只手置于患者前额，手掌后压使头后仰，另一只手食、中指置于患者下颌骨，向上抬举，举高程度以唇齿未完全闭合为限。

4.3　胸外心脏按压应注意：

4.3.1　救护者立于或跪于患者右侧，一手掌根部置于按压点(胸骨中下1/3交界处的正中线上或剑突上2.5～5cm处)，另一手掌根部放于前者手背上，手指翘起或双手手指交叉互相握住抬起，两臂伸直，凭自身重力通过双臂和双手掌，垂直向胸骨加压，然后放松，但掌跟不能离开按压处。

4.3.2　按压与松开的时间比为1∶1，推荐频率100次/min。胸外按压与人工呼吸比例为30∶2(每做30次心脏按压后，做人工呼吸2次，反复交替进行)。

4.4　人工呼吸应注意：

4.4.1　口对口(鼻)人工呼吸最适用现场复苏。

4.4.2　救护者用手捏住患者鼻孔，深吸气后将口唇严密包盖患者口部，并缓慢持续地向患者口腔吹气，每次应达1s以上，确保每次吹气后患者胸部抬举。

4.5　判断患者恢复情况应注意：

4.5.1　进行心肺复苏术后，病人瞳孔由大变小，脑组织功能开始恢复(如挣扎、肌张力增强，有吞咽动作等)，能自主呼吸，心跳恢复，紫绀消退等，可认为心肺复苏成功。

4.5.2　若经过约30min的心肺复苏抢救，不出现上述表现，预示复苏失败。

4.5.3　在医务人员没接替抢救之前，现场人员禁止放弃现场急救。

5　安全注意事项

5.1　将病人转移至安全区域。

5.2　如病人是硫化氢导致的中毒现象，不应直接进行口对口人工呼吸。

5.3　吹气量不宜过大，一般不超过 1200mL，胸廓稍微起伏即可。吹气时间不宜过长，否则会引起急性胃扩张、呕吐。

5.4　胸外心脏按压技术只能在患者心脏停止跳动的情况下才能实施。

5.5　按压位置准确，力量不宜过大，否则会引起其他脏器受伤。

项目八　触电现场急救

1　项目简介

人身直接接触电源，简称触电。人体能感知的触电跟电压、时间、电流、电流通道、频率等因素有关。触电对人体的危害，主要是因电流通过人体一定路径引起的。电流通过头部会使人昏迷，电流通过脊髓会使人截瘫，电流通过中枢神经会引起中枢神经系统严重失调而导致死亡。通过本项目的学习，提升现场人员触电急救的技能水平。

2　操作前准备

2.1　穿戴齐全劳保用品。

2.2　工用具准备：急救药箱、电工钳、木把手斧、木棍等绝缘等工具。

3　操作步骤

3.1　迅速联系专业救护人员。

3.2　设法关闭电源或使受伤者脱离电源或危险地带。

3.3　对伤者进行现场急救。

4　操作要点

4.1　触电者脱离电源应注意：

4.1.1　切断电源开关，或者用电工钳子、木把手斧将电源线截断。

4.1.2　如果距电源较远可用干燥的木棍、竹竿等挑开触电者身上的电线或带电设备。

4.1.3　可用干燥的几层衣服将手裹上或站在干燥的木板上，拉触电者的衣服。

4.1.4　如果触电者在高压设备上，为使触电者脱离电源，应立即通知有关部门停电或用相应等级的绝缘工具拉开关，切断电线，或投掷裸体金属线使线路短路接地，迫使继电保护装置动作，切断电源。

4.2　当触电者脱离电源以后，应视触电轻重采取以下措施：

4.2.1　伤者不严重，神志还清醒，只四肢麻木、全身无力，或者一度昏迷，但未失去知觉，都要使之就地安静休息1～2h，并做严密的观察。

4.2.2 伤者较为严重，无知觉、无呼吸，但心脏有跳动时，应立即进行人工呼吸。如有呼吸，但无心跳，则应采取人工体外心脏挤压法。

4.2.3 伤者严重，心跳和呼吸都已停止，瞳孔扩大失去知觉时，则须同时采取人工呼吸和人工体外心脏按压两种方法。人工呼吸可能坚持抢救30min以上，直到把人救活或者确诊已经死亡为止，送医院途中不能中断抢救。

4.2.4 对触电者严禁乱打强心针。

4.2.5 在医务人员没接替抢救之前，现场人员不得放弃现场急救。

5 安全注意事项

5.1 施救者要做好绝缘防护措施进行施救。

5.2 切断电源开关，应用电工钳、木把手斧等绝缘工具将电源线截断。

项目九 急性硫化氢中毒现场急救

1 项目简介

硫化氢是具有刺激性和窒息性的有害气体，具有臭鸡蛋味。急性硫化氢中毒是在短期内吸入硫化氢气体后引起的以中枢神经系统、呼吸系统、心血管系统为主的多器官和组织损害的全身性疾病。通过本项目的学习，提升硫化氢中毒现场急救的技能水平。

2 操作准备

2.1 穿戴齐全劳保用品。

2.2 工用具准备：正压式空气呼吸器、急救药箱、担架、清水、肥皂等。

3 操作步骤

3.1 报告：当闻到刺鼻臭鸡蛋气味，或发现施工人员出现头疼、眼部不适、恶心、呼吸困难等症状，应立即停止施工，向现场负责人报告。

3.2 检查汇报：现场负责人检查中毒区域的现场情况，向调度汇报。

3.3 联系：由项目部调度迅速联系专业救护人员到现场实施救治。

3.4 转移：现场人员把中毒者至空气新鲜区域。

3.5 急救：现场人员在专业医护人员到来之前，去除污染衣物，用大量生理盐水或清水清洗硫化氢接触部位。若呼吸困难，在有条件的情况下，使用氧气袋，若出现心跳停止的情况，需进行心脏复苏术急救。

3.6 隔离：设置隔离警戒，制止无关人员进入现场，启动相应应急响应程序。

4 操作要点

4.1 抢救者佩戴防护措施，将中毒者抬离工作点，呼吸新鲜空气，松开伤员的衣领、内衣、裤带等，使患者仰卧，身体伸缩自如。

4.2　注意患者身体的保暖，检查患者昏迷程度，患者出现深度昏迷要对其颅周围进行降温。

4.3　患者的呼吸道要通畅无阻，以使气体容易进出；清除口、鼻中泥草、痰涕或其他分泌物，有活动的假牙应立即取出，以免坠入气管。

4.4　对神志不清者应将头部偏向一侧，以防呕吐物吸入呼吸道引起窒息，有条件者立即上氧，头置冰袋以减轻脑水肿。

4.5　呼吸困难者应做人工呼吸、吸氧。心跳停止者应立即进行体外心脏按压，并立即请医生急救。

4.6　除去污染物，脱去被有毒物污染的衣服；用大量的清水或肥皂水清洗被污染的皮肤；眼睛受毒物刺激时，可用大量的清水冲洗。

5　安全注意事项

5.1　为了安全起见，尤其是化学中毒，在无法确定原因的情况下禁止口对口呼吸。

5.2　抢救者个人防护用品佩戴不齐全，禁止进入中毒区域施救。

项目十　拨打应急救援电话

1　项目简介

应急救援电话的作用是当现场出现紧急情况需取得应急救援中心、警方或医疗机构援助时，使救援人员及时抵达现场，使受伤人员得到及时救治，减少损失防止事故扩大化。通过本项目的学习，使员工能正确拨打应急救援电话。

2　操作前准备

报警电话、警戒线等。

3　操作方法

3.1　救助电话号码要记清，打电话要镇定，听到拨号音后，再拨号码。

3.2　听到对方提示时，即可讲清事故的地点和单位，并尽可能讲清其对象和范围。

3.3　要注意对方的提问，并把自己能用的电话号码告诉对方，以便联系。

3.4　当对方讲“救援人员马上就到”即可将电话挂断，并立即派人在交叉路口等候。

4　操作要点

任何通信电话都可以免费拨打报警电话，电话在欠费停机状态下也可以拨打，且拨打时号码前不需要加区号。

报警电话内容应包括：

4.1　事件发生的时间、地点、单位名称。

4.2　事件类型、严重程度、影响范围、扩散蔓延趋势，可能造成的后果。

4.3　现场地理、气象特征，周边居民分布状况。

4.4　人员中毒、伤亡情况。

4.5　已采取的应急措施。

4.6　救援要求。

4.7　报告人的姓名、职务和联系方式。

5　安全注意事项

5.1　禁止随意拨打报警电话，谎报属违法行为。

5.2　注意当地方言特点，做到准确表达和听取信息，必要时重复确认。

5.3　拨打报警电话时必须在安全区域，防止发生人身伤亡、火灾爆炸次生灾害。

附录1 普光高含硫站场基本情况

第1章 集气站设计及流程介绍

1 集气站设计原则及规模

采用全湿气加热保温混输工艺，简称湿气输送方案，最低温度高于水合物形成温度5℃。井口天然气先进入集气站，经一级节流、一次加热、二级节流、二次加热、单井计量分离、总计量后外输，采用“加热保温+注缓蚀剂”工艺经集气支线进入集气干线，输送至集气末站分水，生产污水输送至污水站处理后回注地层，含饱和水蒸气的酸气则送至净化厂进行净化，脱硫、脱碳处理后进川气东送管道首站。

根据现场地形情况，集气站场采用台阶式布置，井场、站场装置、辅助生产站控室、放空火炬四个区域依次升高布置在四个台阶上；每一级台阶场地为平坡式布置，便于场地排雨水及提高工作人员安全性。

集气站主要由站场集输工程、腐蚀控制与监测、自动控制与泄漏监测以及配套的供电、给排水、消防、污水处理等系统组成。

地面集输系统选用加拿大VECO公司推荐的全湿气加热保温混输工艺。“抗硫管材+缓蚀剂+阴极保护+智能清管”防腐工艺。“SCADA+ESD”自动控制措施。“截断阀室+ERP+紧急疏散广播+应急火炬系统”安全措施。“光纤传输+5.8G无线通信”数据传输与应急通信方式。“低压集中处理+高压回注地层”的污水处理方法。

2 集气站应用的工艺技术

集气站采用全湿气加热保温混输工艺。

2.1 井口至加热炉进口之间采用纯镍基合金管材，其他酸气管道采用“抗硫碳钢+缓蚀剂”管材方案。

2.2 完备的“SCADA+ESD”自动化系统。

2.3 光缆数字传输网络+5.8G无线备用通信系统。

2.4 ERP/EPZ的设计保证紧急状态下环境的安全。

2.5 采用有效的腐蚀监测与控制系统将泄漏降为最低。

3 集气站主要工艺流程

采用全湿气加热保温混输工艺，简称湿气输送方案(图附1－1－1)，最低温度高于水合物形成温度5℃。天然气输送至集气末站分水，生产污水输送至污水站处理后回注地层，含饱和水蒸气的酸气则送至净化厂进行净化，脱硫、脱碳处理后进川气东送管道首站。集气站站场具有对井口来天然气进行集气、加热、节流、单井计量、放空和智能清管接收与发送等功能，具体如下：

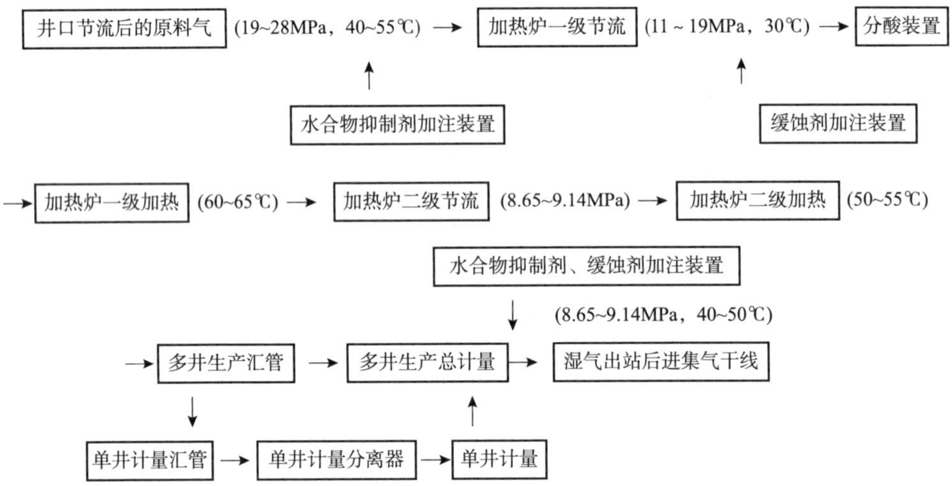

图附1－1－1 集气站工艺流程图

3.1 事故状态下的快速关断与放空。

3.2 天然气加热与节流。

3.3 天然气单井切换计量分离。

3.4 天然气总计量外输。

3.5 站场自动控制：数据采集、调控、传输。

3.6 远端通信站功能。

3.7 燃料气调压。

3.8 甲醇加注系统。

3.9 缓蚀剂加注系统。

3.10 单井分离器分酸(临时)。

3.11 预留硫溶剂加注口、单井生产分离器接入短管。

集气站井口节流后19~28MPa的含硫天然气首先进入加热炉一级节流阀节流，加热炉一级盘管中加热到60~65℃，再进入加热炉二级节流阀，节流至8.65~9.14MPa后，再进入二级盘管中加热至40~50℃，之后进入生产汇管，汇合后进入外输。加热炉一级节流之后加注缓蚀剂，外输计量后加注缓蚀剂。正常生产时，采用加热炉加热防止水合物的生成，事故工况时，在加热炉一级节流前及外输计量后加注甲醇，避免生产水合物。

单井计量采用轮换计量方式，单井来气经XV切换阀进入计量汇管，再进入计量分离器，分离成气液两相，分别计量后，汇入外输管线统一计量后外输，出站天然气流量计量采用高级孔板流量计量装置。集气站各段管线设计压力和设计温度，见表附1－1－1所示。

表附1－1－1　集气站设计压力与设计温度明细表

项目	井口～一级节流阀	一级～二级节流阀	二级节流阀～出站管线	井口放空后	汇管放空后	燃料气调压前	燃料气调压后
操作压力/MPa	19～28	11～19	8.5～8.7	0.8	0.8	3.2～3.5	0.6～0.8
设计压力/MPa	30	22	11	1.6	1.6	4.0	1.6
操作温度/℃	40～55	60～65	40～50	－35～40	－20～40	20～30	5～20
设计温度/℃	80	80	60	－45～80	－25～80	60	60

4　集气站辅助系统

集气站辅助系统包括分酸系统、放空系统和燃料气系统流程。

4.1　分酸工艺流程。

为提高单井产能，投产前对每口井进行酸化压裂，酸液总量1000m^3左右，在井口放喷过程中，有90%～95%的酸液会被携带出来，而5%～10%（50～100m^3）的酸液滞留地层，这部分酸液在气井开采初期被携带至地面集输系统，携液能力按1m^3/d考虑，因此在前期开采时增设分酸分离器，分离气体携带出酸液和泥浆。分酸分离器设置在加热炉一级节流阀后。分酸工艺流程图如图附1－1－2所示。

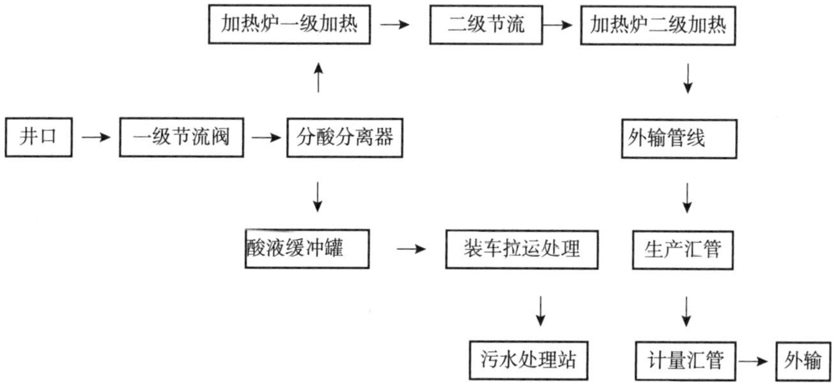

图附1－1－2　分酸工艺流程图

4.2 放空系统。

集气站站场设置安全可靠的事故放空系统，在出站、过站管道设紧急切断阀，当出现事故时可以自动或手动紧急切断。井口和汇管区设有紧急放空阀(BDV)，当出现紧急情况，触发一级关断后 BDV 自动起跳，酸气汇入放空总管后，输送到站外放空火炬燃烧。

4.3 燃料气系统。

集气站燃料气系统则负责供应站内井口水套炉用气、仪表风用气、吹扫气用气、燃气发电机发电用气等。来自净化厂的 2.6 ~ 3.0MPa 的燃料气，输至集气站后经调压至 0.6 ~ 0.8MPa，过滤分离后分别供给仪表风、井口水套炉用气、吹扫气用气、燃气发电机发电用气。各用气设备自带小型调压稳压设备，调节燃气压力至所需压力。

4.4 集气站投产初期由于产量较高，出现硫沉积概率低，但是为防止硫沉积对生产的不利影响，预留一套硫溶剂加注装置，如果生产过程监控过程中发生硫沉积的情况，可向管线中加注硫溶剂。

4.5 集气站动力供应。

集气站通信、仪表及自控系统、应急照明为一级负荷，撬块用电设备为二级负荷，站内生活设施为三级负荷。35kV 电源为正常电源，引自附近 35kV 线路，高、低压配电室设 35kV 高压环网柜、干式变压器柜及低压配电柜。变压器容量为 35/0.4kV、125kVA，计算功率为 101kW，一级、二级负荷为 50kW；同时使用发电机组为备用电源，当主电源发生故障时，双电源自投装置的控制器发出起动发电机的信号，并对发电机组的电压及频率进行检测，待发电机组启动成功后，经延时 10s 后将负载自动转向发电机组供电回路，当正常电源恢复正常时，经延时再将负载自动转向主电源回路，并发出关闭发电机组的信号，发电机为自动及手动起、停。备用发电机组设过载报警功能，以保证一级、二级负荷的正常运行。站内通信、仪表及站控设备等重要负荷采用不间断电源 UPS 供电，设计放电时间为 30min。

4.6 集气站控制系统。

作为普光气田 SCADA 系统的控制节点，集气站场和各管线阀室均分别设置两套子系统：过程控制系统(PCS)和安全仪表系统(SIS)，作为一个单独的网络节点，挂在相同的光纤通信子网及 5.8G 无线备用网络上，分别对应中控室实时数据服务器和中心安全仪表系统上传或下载数据。

PCS 主要负责正常的工艺流程控制和监视，SIS 则负责对超出 PCS 控制范围的工艺控制对象进行相应的联锁保护。

普光酸气含有大量的硫化氢以及二氧化碳，其管线开裂泄漏的风险很大，所以针对泄漏，从控制角度主要设计了以下措施：

4.6.1 站场以及阀室设置点式红外可燃气体探测器和电化学式有毒气体探测器以便

于探测甲烷和硫化氢浓度。

4.6.2　阀室线路截断阀配套电子防爆管单元，可监测管线的压力变化情况，以推断管线是否存在泄漏。

4.6.3　隧道中设置开路式、红外吸收补偿式可燃气体探测器和电化学式有毒气体探测器以便于探测甲烷和硫化氢浓度。

以上三项的报警均进入就地安全仪表系统，其中第一项由就地安全仪表系统直接触发相应联锁保护逻辑，并将报警送至中心SIS进行相应处理，第二、第三项直接由就地SIS送至中心SIS用以触发气田级别的相应联锁保护。

4.7　防腐工程。

普光气田防腐系统主要有防腐涂层、缓蚀剂加注、阴保系统和腐蚀监测系统，对集气站设备和管道及站间管道进行保护和监测。

4.7.1　防腐涂层。

站内设备、工艺管线及钢结构的防腐涂层结构，所有防腐材料都必须满足设备容器管道工况条件下的耐腐蚀性能要求，尤其容器设备内防腐涂料必须具备优良可靠的高耐硫化氢、二氧化碳、氯离子含量下的电化学腐蚀性能和优良的附着力等物理机械性能。

4.7.2　缓蚀剂加注。

缓蚀剂的应用是保证气田开发安全生产的关键之一。

缓蚀剂控制由以下三部分组成：

(1)预涂膜缓蚀剂：在系统投产前利用清管器携带油溶性缓蚀剂对站外集输管线内壁进行预涂膜。

(2)连续加注缓蚀剂：在每个井的井口处进行连续缓蚀剂加注。加注位置分别设在每口单井一级节流后管段，以及酸气管线出站发球筒前管段。

(3)批处理缓蚀剂：为了增强连续加注缓蚀剂的保护效果，结合腐蚀监测的情况，每年采用油溶性缓蚀剂进行4次处理。

4.7.3　腐蚀监测系统。

普光气田集气站腐蚀监测系统主要包括腐蚀挂片、电阻探针、线性极化探针、便携式氢通量测量仪、数据采集器、控制和数据传输系统(含数据分析软件)、现场总线、控制机柜以及水分析取样口、带压取放器装置等。电阻探针、线性极化探针的测量数据需要通过局域网上传至净化厂中控室，接入腐蚀监测系统服务器，进行数据的储存、分析、评价、报告、管理。

4.7.4　阴极保护系统。

集气集输管道采用强制电流阴极。管线进出站处设置绝缘法兰和氧化锌电涌保护器。各阴极保护站设备输出信号及管道沿线保护电位，接入站控室PLC和线路截断阀室RTU，再上传至净化厂阴极保护智能监测系统服务器，进行数据处理、分析、报警。

第2章　主要设备介绍

普光气田集气站主要设备有采气树(井口控制柜)、甲醇加注撬块、缓蚀剂加注撬块、井口加热炉、分酸分离器、计量分离器、火炬分液罐、酸液缓冲罐、燃料气分配撬块、燃气发电机等主要设备。本章主要介绍设备结构原理。

1　地面控制系统

1.1　井口安全阀工作原理：井口安全阀包含有一个活塞腔与一个压缩弹簧相连的活塞，液压管线控制阀板机构。液压管线液体进入活塞腔推动活塞，压缩弹簧控制阀板。

1.2　井下安全阀工作原理：井下安全阀包含有一个与一个压缩弹簧相对的活塞，井内压力作用阀板机构。当井口控制管线液压油进入活塞腔里，活塞腔释放压力后弹簧移动，活塞向上运动，受扭的弹簧旋转使得安全阀阀板关闭；反之则安全阀阀板开启，达到控制目的。

1.3　地面控制系统：普光气田所使用的井口控制柜，Cameron井口控制柜有三种类型，根据不同的设计理念和设计原理，其组成也不尽相同，但总体上均可抽象为以下几部分组成。地面控制系统如图附1－2－1所示。

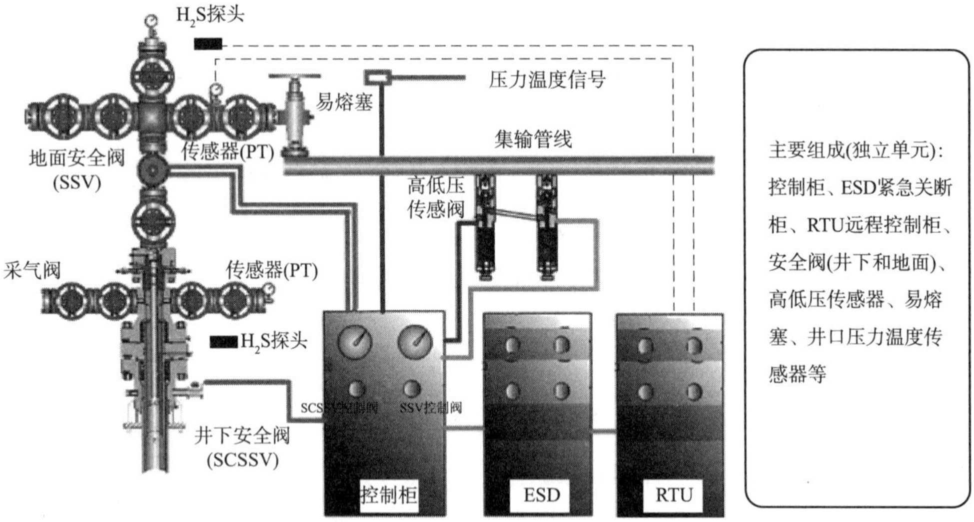

图附1－2－1　地面控制系统示意图

地面安全控制系统(ESD)，主要包括功能泵、高低压先导阀、油箱、调压阀、储能器、易熔塞、压力表、电磁阀、压力传感器、温度传感器，还包括井下安全阀控制管线从井口通道针阀处到控制柜的连接管线及压力表。

1.3.1　FST气控液型工作原理：气动液压泵在高压空气的作用下，将液压油进行增压，增压泵压力输出的大小与驱动气压力(调压阀)调节大小成比例(比如驱动气在80psi的作用时，增压泵压力输出是4000psi，驱动气供给减小则增压泵压力输出减少，反之驱动气增大则增压泵压力输出加大)。逻辑控制气压再驱动系统中各种类型气控阀的工作，从而对系统液压回路进行控制，有效地对井口安全阀门开启，关闭实行控制。SCSSV回路安全阀控制系统压力保持在一定范围内工作，当RTU、井口关断、易熔塞熔化发出关井指令后，逻辑控制气压泄压，气控三通阀动作，迅速把系统液压控制回路压力降为0(井口安全阀关闭时间可通过单向节流阀调节)，即关闭地面、井下安全阀门。

1.3.2　Cameron液控液型控制柜(图附1－2－2)的工作原理：通过两台电动液压泵(或手动增压泵)将常压的液压油增压至地面安全阀或井下安全阀，开启所需要的压力储存在蓄能器内，低压泵输出压力为5000psi，高压泵的输出压力为8500psi。低压泵的液体其中一支经减压阀减压后作为控制压力(100psi)，控制压力有三种通路：操作压力、高低压限位阀先导压力、易熔塞先导压力；这三种压力均作为控制压力来控制液控三通阀，来控制高压的液压油与油箱间的通路来控制地面安全阀(或井下安全阀)是否关闭。同时，在高压的液压油与油箱间有一个和液控三通阀串联的电磁三通阀，来控制地面安全阀(或井下安全阀)是否关闭，紧急情况下可通过ESD－1、ESD－2、ESD－3命令使电磁阀失电，关断地面安全阀(或井下安全阀)。

图附1－2－2　Cameron液控液型控制柜

1.3.3　FST液控液型控制柜(图附1－2－3)的工作原理：通过两台电动液压泵(或手动增压泵)将常压的液压油增压至地面安全阀或井下安全阀开启所需要的压力储存在蓄能器内，低压泵输出压力为5000psi，高压泵的输出压力为8500psi。低压泵的液体其中一支经减压阀减压后作为控制压力(100psi)，控制压力有三种通路：操作压力、高低压限位阀先导压力、易熔塞先导压力；这三种压力均作为控制压力来控制液控三通阀来控制高压的液压油与油箱间的通路来控制地面安全阀(或井下安全阀)是否关闭。同时，在高压的液压油与油箱间有一个和液控三通阀串联的电磁三通阀，来控制地面安全阀(或井下安全阀)是否关闭，紧急情况下可通过 ESD－1、ESD－2、ESD－3 命令使电磁阀失电，关断地面安全阀(或井下安全阀)。

图附 1－2－3　FST 液控液型控制柜

1.4　普光气田所采用三种类型的井口控制柜均可实现以下功能：

1.4.1　现场紧急关断，控制面板上安装有紧急关断阀，当出现特殊情况时，用来进行关断地面安全阀。

1.4.2　远程关断，通过 RTU 与 SCADA 系统相连，当发生 ESD－1、ESD－2、ESD－3 关断时，地面安全阀关闭。当站控室发生“井口关断”或通过人机界面给定模拟信号“井口关断”时，井下安全阀关闭。

1.4.3　易熔塞关断，易熔塞熔化温度为 127℃ ±5℃，关断时地面安全阀及井下安全阀均关断，井下安全阀在地面安全阀延迟约 20s 后关闭。

1.4.4　高低压限压关断，当井口镍级管线压力高于 30MPa 或低于 8.5MPa 时，地面安全阀关闭。

1.4.5　系统自动稳压，当环境温度发生变化时，系统控制压力受到温度影响而变化，当压力低于某个设定点时，气驱动增压泵自动补压到设定压力，保证井口安全阀在正常压力范围内保持开启状态。

1.5　逻辑控制

采用井下安全阀和井口安全阀两级安全控制。地面安全控制系统(ESD)能够分别实现对同一个平台 1～3 口井的单井关断和所有气井的同时关断，并根据关断逻辑设置关断井口安全阀(SSV)或/和井下安全阀(SCSSV)。地面安全控制系统(ESD)与 SCADA 系统相连，采气树温度压力、油管头侧温度压力、输送管线压力、井口安全阀 SSV 的阀位、易熔塞压力等信号可远传至站控系统 SCS，信号传输采用 4 ~ 20mA 电流信号、0 ~ 24V 电压信号。ESD 根据站控系统 SCS 指令关断井口安全阀 SSV 和井下安全阀 SCSSV。控制系统关断后，开启安全阀必须是现场手动复位；安全阀的开启顺序为先开井下安全阀，后开井口安全阀。

地面控制系统主要由井口控制柜与 SCADA 系统接入联合实现对井下安全阀和地面安全阀的远程和就地控制，其控制逻辑见表附 1 -2 -1 所示。

表附 1 -2 -1 丛式井台地面安全控制逻辑表

内容	单井高/低压传感器	井口易熔塞	井口可燃气体探头	井口 H_2S 气体探头	现场单井控制面板手动 ESD 按钮	现场整体丛式井控制柜手动 ESD 按钮	SCADA 系统监控的其他下游关井因素
单井井口安全阀	关	关(先)	关	关(先)	关(先)	关(先)	关
单井井下安全阀	开	关(后)	开	关(后)	关(后)	关(后)	开
其他丛式井井口安全阀	无影响	关(先)	关	关(先)/无影响	无影响	关(先)	关
其他丛式井井下安全阀	无影响	关(后)	开	关(后)/无影响	无影响	关(后)	开

2 甲醇加注撬块

2.1 甲醇加注撬块(图附 1 -2 -4)主要是由橇座、药剂储存罐、隔膜计量泵、防爆电控柜、防爆接线柜以及管汇、阀门、安全阀、流量计、压力表、脉冲阻尼器、流量标定柱、Y 形过滤器等组成。

图附 1 -2 -4 甲醇加注撬块

2.2　设备结构原理。普光气田开发地面集输工程中集气站及相应井口的甲醇连续加注系统，该系统包括井口加注系统和外输管道加注系统，采用隔膜计量泵。甲醇储存在药剂储存罐内，经 Y 形过滤器过滤、隔膜计量泵加压后，通过流量计计量流量并传至站控室、管汇、阀门、雾化装置等管件注入井口或外输管线。隔膜计量泵的启和停都由防爆控制柜控制，并接受远程信号，进行保护性停机。脉冲阻尼器用于减小介质加注的冲击，使加注量趋于平稳。流量标定柱用于标定流量计，准确计量加注量；Y 形过滤器用于截留加注介质——甲醇中的固体悬浮物，防止杂质对管汇堵塞和流程中各元器件造成损毁。

2.3　普光气田采用的计量泵主要由三部分组成：电动机、传动端和液力端。

2.4　传动机的工作原理：电机驱动涡轮副转动，带动可调的滑轴(可变偏心轮)转动，然后将动力传给连杆和十字头作往复运动。滑轴、偏心轮和连杆构成曲柄连杆机构，连杆连接十字头作往复运动，减速机构通过涡轮副杆传动实现。

2.5　液力端：该型号的液力端主要由托架体、柱塞液压缸、缸体和“三阀”机构、进出口阀组件以及隔膜等部件组成。该型号的液力端主要靠“三阀”(安全阀排气、补油阀、限位阀)的功能作用。隔膜在工作时隔开液压油和介质，可以有效地防止液压油与介质之间的相互泄漏，保证泵能正常工作和介质不受到污染。液压端的工作原理：柱塞在液压缸中作往复运动，促使膜腔内液压油的压力变化，推动隔膜在膜腔内前后鼓动，在吸排单向阀组的配合下，达到吸排介质——甲醇的目的。膜腔内的油量相对稳定，主要由三阀的功能来保持。安全放气阀具有自动放掉膜腔内部液压油中气体，保证隔膜工作平稳，避免了液压油过多或排液管道受阻产生系统压力超压而自动开启阀芯进行排油。限位补油阀装置时借助隔膜推动限位阀开启，按液压缸内的真空度随时补充油量，保证隔膜腔内液压油的充满度，有效的保证泵的流量精度和稳定性，这样对流量计的计量也是有好处的，在同等条件下能保证流量计数据的相对精确。

2.6　双层膜片在工作时可以自动形成真空，两层隔膜片紧紧贴合在一起，一层单隔膜在柱塞往复运动的作用下促使其绕曲往复位移，一旦有任何一片隔膜片破裂，上层膜片形成的真空就会破坏。当柱塞吸入行程时，工作压力进入压力传感器，由于压力增大致使压力传感器的单向阀打开，促使活塞移动触动微动按钮，液压信号就可以转换成电信号，传给报警器发出报警。

3　缓蚀剂加注撬块

3.1　缓蚀剂加注撬块(图附 1－2－5)主要由橇座、药剂储存罐、隔膜计量泵、遮阳箱、防爆电控柜、防爆接线柜以及管汇、阀门、流量计、压力表、脉冲阻尼器、流量标定柱、Y 形过滤器等组成；每个站 1 台。

图附1－2－5 缓蚀剂加注撬块

3.2 设备结构原理。普光气田开发地面集输工程中集气站及相应缓蚀剂连续加注系统，该系统包括加热炉前加注系统和外输管道加注系统，采用美国帕斯菲达隔膜计量泵为主体的机电仪一体化成套设备，是将计量泵、药剂储存罐、控制系统及管路阀门等所有设备、组件按一定的技术规范和工艺流程组装在同一个撬座平台上，实现药剂储存、计量投加、全程序自动停泵、报警等功能单元的独立完整的系统装置，并结合气田开发要求设计而成。加注介质——缓蚀剂储存在药剂储存罐内，经Y形过滤器过滤、隔膜计量泵加压后，通过流量计计量流量并传至站控室、管汇、阀门、雾化装置等管件注入井口或外输管线。

3.3 计量泵工作原理：

在预先设定的冲程长度下，活塞在精确量值的缸内往复运动，移出精确的流体。此活塞不打击介质，打击液压油。活塞和其相关的机构被封装在偏心的箱内，此箱也被用作液压油的储存箱。隔膜将液压油与被泵打出的介质分开，隔膜的运动完全响应活塞的位移，隔膜只是用作分离，而无其他作用，因此油的移出量被相等地传输至介质，活塞的回程使介质通过吸口逆止阀进入，活塞的正行程将相同量的介质通过出口逆止阀排出，标准的液端组件包括液端、隔膜、进出口逆止阀；计量泵中只有这些部件接触过程中的介质，所以维护对泵的性能很重要；泵头/活塞组件被安装在偏心的箱内，此组件包含液压系统包括泵头、缸、活塞组件。

4 加热炉

4.1 普光气田地面集输站场气体加热装置采用的是间接式加热炉(图附1－2－6)，有1000kW和800kW两种类型，并在每个生产井井口配置一台加热炉，主要承担将井口采出的高压天然气节流、加热、并初步计量的任务。加热炉具有两级节流、两级加热及自动调节流量、压力、温度的特点。

图附 1-2-6 加热炉

4.2 设备结构原理。

普光气田地面集输工程中天然气经过三级节流，节流后天然气温度骤然下降，在集输过程中热量的损失，都会导致天然气在管道中形成水合物，造成集输管道堵塞。加热炉作为预防输气管线水堵的重要设备，在普光气田应用广泛。加热炉拥有一系列的电子传感器及四个受 PLC 控制的电动阀门(包括二级节流阀、三级节流阀、温控阀、ESDV)，以上各电气设备也都能够在站控室人机界面上得到反馈。普光气田集气站在二级节流和三级节流后进行加热，确保集输过程中气体温度处于正常水平，通过自身的控制系统对通过盘管的天然气进行加热，使之达到预定的值。加热炉加热原理为水浴间接加热，通过燃料气在火管中的燃烧，使火管升温，火管再传递热量到外部罐内的软化水，软化水再通过对浸没其中盘管的加热，最后达到加热工艺气的目的。在间接式加热炉中，火管是浸没在热媒(HM)中并加热热媒的，天然气气流会流经一个盘管，而这个盘管也是浸没在热媒中，被间接加热的。

4.3 工艺参数。

4.3.1 预热盘管(最大允许工作压力)：20MPa。

4.3.2 二次加热盘管(最大允许工作压力)：10.7MPa。

4.3.3 设计温度：115℃。

4.3.4 最低设计金属温度：预热盘管：-29℃、20MPa，二次加热盘管：-29℃、10.7MPa。

4.3.5 炉体最大允许工作压力：0.1MPa。

4.3.6 炉体设计温度：115℃。

4.3.7 腐蚀裕量：3.2mm。

4.3.8 壳体厚度：预热盘管：13.5mm；二级加热盘管：10.97mm。

4.3.9 壳体材料 SA-333-GR6。

4.3.10 加热炉一级加热进口安全阀：起跳压力 19.9MPa。

4.3.11　缓冲罐安全安全阀：起跳压力0.08MPa。

4.3.12　燃料气进口安全阀：起跳压力229kPa。

5　分酸分离器

5.1　设备结构原理。

图附1－2－7　分酸分离器

分酸分离器（图附1－2－7）是要保持出口处的水不超过$50mg/m^3$，水滴体积不大于100μm。井口分离器带有入口装置和除雾器，以增强分离性能。二级节流后压力为11～19MPa的混合气以及吹扫天然气从分离器侧上部进入，将酸液分离后，气体从分离器顶部（FF1－1）流出然后进入加热炉，酸液达到规定液位时就从侧下部（FF2－C1）放出，然后流进酸液缓冲罐。同时，在分离器顶部设有起跳压力为21.1MPa的安全阀，防止设备超压。分离器底部有冲砂口和排污口各一个，可对设备进行清洗和排污。

5.2　工艺参数。

介质：酸气（湿气）。

尺寸：　600mm I D　×1500mm S/S（内部防腐）质量2671kg。

设计压力：22MPa；设计温度：60℃；

工作压力：19MPa；工作温度：45℃；

水力压力：28.6MPa；腐蚀裕量：≥3.2mm；

正常容积：$0.7m^3$；设计流量：$(40\sim100)\times10^4m^3/d$。

6　计量分离器

计量分离器（图附1－2－8）主要是由橇座、罐体、背压阀、自动排液阀、管汇、阀门、安全阀、流量计、压力表、Y形过滤器等组成，是用于站场轮换计量装置。

6.1　设备结构原理。

图附1－2－8　计量分离器

经计量分支管出来后的含水天然气从封头处进入计量分离器，然后由分离器根据气液两相在密度上的不同进行重力分离。而提供一个相对静止的空间则是计量分离器主要涉及的过程，使气液两相能够实现分离并且找到各自的液位。汽水分离后，气体从顶部气体出口经计量孔板进行气体计量，然后经过差压计进入外输总管。液体则从底部液相出口通过流量计进行液相计量，然后排入外输总管，或者液体不经过计量就进入火炬分液罐。计量分离器撬上的差压计和液位调节阀都是通过仪表风来提供动力；同时灌顶有安全阀防止超压；底部有冲砂口，方便清淤。

重力式分离可顺利除去气流中的游离水，不包括气流中夹带的非常精细且分散的气溶胶雾，这些气溶胶雾不会凝聚成块并且不会在气体停留的几秒钟内沉降下去，分离器中气体停留时间通常是变化的，这是为什么需要用捕雾器除去气体中最终微量夹带液的原因，这些夹带液在只靠重力作用下不会自行沉降下去；在不使用捕雾器的条件下分离器中会有大量直径为 100～400μm 的液雾被气体带出容器。

6.2　工艺参数。

设计温度：70℃；设计压力：12MPa；

工作温度：50～55℃；工作压力：8.5～10.8MPa；

设备容器：5.93m^3；气体处理量：(40～100)×10^{4}m^3/d；

腐蚀裕量：≥3.2。

7　火炬分液罐

7.1　火炬分液罐(图附 1－2－9)主要由罐体、罐底泵、电加热器、防爆配电箱、安全阀、压力表、Y 型过滤器等组成，主要用于站场放空系统进行气液分离。

图附 1－2－9　火炬分液罐

7.2　设备结构原理。

火炬分液罐是从容器一端上方入口进料，在容器前部分离区内经重力分离，液体聚积在罐内底部从液体出口管线排出；与此同时，气体不断从液体中溢出，经板分离元件进一步去除气体中夹带的小液滴后，气体穿过板分离元件在整个卧罐的上半部形成气体区。达标气体从罐的另一端上部气体出口管线排出，从而完成整个气/液二相分离过程。

7.3　工艺技术参数。

设计压力：1.0MPa；设计温度：40℃；

操作压力：0.8MPa；操作温度：30℃；

设备容器：10.5m^3；腐蚀裕量：≥3.2mm；

防震烈度：7；保温厚度：60mm；

气体处理量：$100\times10^4m^3/d$。

罐底泵参数：

功率：5.5kW；排量0.5m^3/h；

出口压力11MPa；扬程1100m。

电加热器：

额定电压：380V；额定功率：10kW；

设计压力：1.0MPa。

仪表设定值：

液位高高：70%；液位高：60%；

启泵液位：60%；停泵：0%。

火炬分液罐分液罐撬块主要材质：

壳体：SA516－60N。

设备接管：A333－6。

接管法兰：A－350－LF2。

材料实测抗拉强度≤630MPa。

其他结构件(橇装底座、支座等)：SA516－60N(垫板)＋A36。

螺栓：A193－B7M。

螺母：A194－2HM。

8　酸液缓冲罐

酸液缓冲罐(图附1－2－10)主要由罐体、罐底泵、流量计、压力表、温度计、Y型过滤器、安全阀等组成。主要是将站场产出的酸液进行收集。

8.1　设备结构原理。

将来自井口分离器的污水经容器上方进料，在容器前部分离区内经重力分离，液相下降，形成液相区域；与此同时气体不断从液相中溢出，在经过TP板分离元件时，气体中携带的液体被进一步滤出，沿TP板沉积于容器下部，而气体本身则穿过TP板分离元件进入容器后端上部，脱离气体的油/水也集聚于容器后端下部，从而完成气/液分离。

8.2　工艺参数。

工作压力：0.8MPa；设计压力：1.0MPa；

图附 1－2－10　酸液缓冲罐

工作温度：40℃；设计温度：60℃；

入口介质液体流量：50m³/d；气体处理量：300m³/d。

入口介质：酸气、酸液。

焊缝系数：1.0。

腐蚀裕度：3.2mm。

容器主体尺寸：φ2000×8000(S/S)mm。

撬块尺寸($L \times W \times H$)：9000×2800×4493。

撬空净重：17000kg。

9　燃料气分配橇块

燃料气分配撬块主要由仪表风缓冲罐、燃料气分离器、蓝式过滤器、压力表、温度表、紧急关断阀、安全阀、流量计等组成。主要是将净化厂返输的燃料气进行分离、调压后到各个设备撬块。

9.1　设备结构原理。

本橇块的主要部件有进口气动球阀、燃料气分离器、流量计、高压调节阀、仪表风缓冲罐、低压调节阀、安全放散系统、放空系统、仪表电器以及相应的管道、阀门管件、进出口等组成。其中，仪表风缓冲罐具备双重功能，即：第一种缓冲存储气体功能及第二种气体分离净化功能。其中分离净化功能是靠重力沉降分离实现的，当含各类液体等杂质的气体由进气口进入净化装置时，首先进入一个大的沉降室，此时气体流速大大降低，因此杂质由于沉降效应被分离出来，落入大筒体的下封头处。

9.2　工艺参数。

9.2.1　燃料气分离器技术参数：

设计压力：4.0MPa；操作压力：3.6MPa；

设计温度：9～50℃；操作温度：T=40℃；

设备容器：0.46m³。

9.2.2　仪表风缓冲罐技术参数：

设计压力：1.0MPa；操作压力：0.8MPa；

设计温度：9～50℃；操作温度：20℃；

设备容器：3.16m³。

9.2.3　高效蓝式过滤器技术参数：

设计压力：1.0MPa；操作压力：0.8MPa。

当过滤分离器进出口的两个测压口压差达到50kPa时，应取出脏滤管进行再生清洗，切忌超差压使用而损坏滤芯。

9.2.4　高压调压器(撬块主调压器)技术参数：

适用温度：－35～65℃；调压：0.2～1.6MPa。

9.2.5　低压调压器(去燃料气发电机调压)：

压力等级：2.0MPa；适用温度：－35～65℃；

调压：0.5～150kPa。

9.2.6　安全阀参数：

燃料气分离器安全阀：起跳压力：3.96MPa；

仪表风缓冲罐安全阀：起跳压力：0.96MPa；

撬内汇管安全阀：起跳压力：0.96MPa。

10　燃气发电机

燃气发电机(图附1－2－11)主要由曲柄连轴机构、配气系统、燃料供给系统、润滑系统、冷却系统、启动系统和电气系统组成。主要作用是站场停大电后能自动启动。

图附1－2－11　燃气发电机示意图

其结构原理为：燃气发电机连续地从大气中吸入空气并将其压缩，压缩后的空气进入燃烧室再将热能转变为与喷入的燃料混合后燃烧，成为高温燃气，并将燃料燃烧的化学能转变为热能、机械能的装置，带动发电机转动。

第3章　工艺流程图

天然气从井筒流出地面以后，经过一系列管线输送到目的地，在输送过程中有许多辅助设备连接到输送管线中，以保证天然气安全顺利到达目的地。错综复杂的工艺流程在学习的过程中很难记忆，也很难建立一个整体的工艺流程，但流程图则可以让我们在图纸上了解工艺流程，同时也可以增进对流程的整体认识。

1　图标说明

流程图是一个集气站或者一个采气厂的整体工艺流程，然而一幅流程图是由一个个简单的图标所组成的，因此，要读懂一幅流程图首先必须从一个个简单的图标开始认识。

2　阀门说明

(1)阀门图标见表附1－3－1。

集气站阀门类型众多，且不便职工查看，这里我们对站场阀门铭牌中的主要信息加以说明，并将它们和我们所熟悉的国际单位之间进行了转换(表附1－3－5)。

表附1－3－1　阀门图标

球阀 	闸阀 	截止阀 	止回阀 
流量调节阀 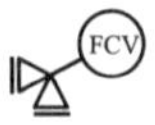	压力调节阀 	安全阀 	液位调节阀 
背压阀 	调压阀 	自立液压闸板阀 	气动单作用球阀 
气动双作用球阀 	清管阀 	温控阀 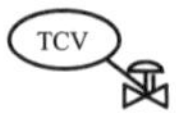	针阀 
电磁阀 	高级孔板阀 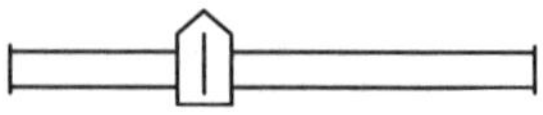	双阀组 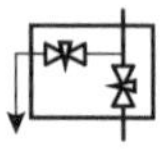	地面安全阀 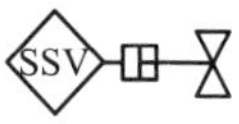
井下安全阀 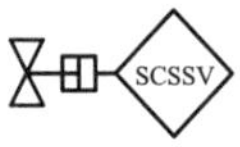	三阀组 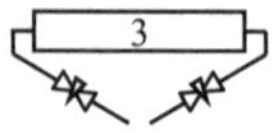	五阀组 	

(2)管线及法兰图标(表附1－3－2)。

表附1－3－2　管线及法兰图标

管线	法兰缝	变径管线	三通
8字盲板	管线流向	装车接头	冲沙口

3　仪器仪表图标(表附1－3－3)

表附1－3－3　仪器仪表图标

压力表 PG	温度计 TG	温度变送器 TIT	压力变送器 PIT
液位变送器 LIT	液位计 LG	流量检测元件 FE	流量变送器 FIT
累积流量变送器 FQIT	差压计 PDG	篮式过滤器	

4　其他图标(表附1－3－4)

表附1－3－4　其他图标

柱塞泵	标定柱	阻尼器 P	Y形过滤器
计量泵	电阻探针 ER	腐蚀挂片 CC	线性电阻探针 LPR

表附1－3－5　阀门名称缩写表

ZV——闸阀	QV——球阀
JV——截止阀	HV——止回阀
PSV——安全阀	PRV——调压阀
FCV——节流阀	LV——液位调节阀
TCV——溶液温控阀	XV——气动双作用球阀
BDV——自立式液压闸板阀	ESDV——气动单作用球阀(紧急切断阀)

4.1　对所有的撬块、区域都用其拼音缩写来代替。例：井口放空区：JKF(井口放空区、汇管放空区皆为三个字母，其余均为两个字母)。字母后的数字对应着该平台的井号，例如：JR1即为该平台1#井使用的加热炉。共用撬块的省略阿拉伯数字，如计量分离器、火炬分液罐等(表附1－3－6)。

表附1－3－6　各撬块区域名称缩写表

井口放空区：JKF	计量分离器：JF	分酸分离器：FF
加热炉撬块：JR	生产汇管：SH	汇管放空区：HGF
计量汇管：JH	燃料气撬块：RL	甲醇加注撬块：JC
缓释剂加注撬块：HS	火炬分液罐：HJ	酸液缓冲罐：SY
收球筒：SQ	发球筒：FQ	阀组区：FZ

4.2　撬内阀门按照撬内的主流程进行编号，其编号用撬块的缩写字母加数字的形式。如：出计量分离器的阀门编号为JF－2。

4.3　撬内、区域编号用撬块编号＋作用符号＋序号的方法。撬内、区域阀门按作用分为5类，分别用全拼的第一个字母来代替，F代表放空，P代表排污和排液，R代表燃料气，C代表冲砂，Y代表仪表风。例如：某平台2#井进加热炉前的第一个放空阀编号为：JR2－F1。另外所有不在这5类内的阀门，统一编到第6类中，第6类的阀门编排在撬内阀门主流程内，在撬内主流程编排完后再编这些阀门。如：连接液位计的阀门等，这样的阀门编号数字前面不加字母，如：第二口井加热炉的液位计上的阀门JR2－2。

4.4　燃料气撬块比较特殊，把进、出站燃料气的阀门编到燃料气撬块的主流程内，而燃料气撬块内的阀门根据放空、排污等按照作用进行编号。燃料气和仪表风分开，燃料气、仪表风编号以过滤器分开，过滤器前为燃料气流程编号，过滤器之后以仪表风流程编号。

4.5　安全阀、调压阀、止回阀的编号是按照其上游流程的阀门编号，但是要与其他阀门编号区别出来，就是在后面加相应字母，安全阀加A、调压阀加T、止回阀加H。

附录2　毒蛇咬伤救治要点

1　蛇毒的分类

蛇毒可大致分为三大类：

1.1　以神经毒为主的蛇毒有金环蛇、银环蛇及海蛇等，毒液主要作用于神经系统，引起肌肉麻痹和呼吸麻痹。

1.2　以血液毒为主的蛇毒有竹叶青、蝰蛇和龟壳花蛇等，毒液主要影响血液及循环系统，引起溶血、出血、凝血及心脏衰竭。

1.3　兼有神经毒和血液毒的蛇毒有蝮蛇、大眼镜蛇及眼镜蛇等，其毒液具有神经毒和血液毒的两种特性。

2　蛇毒的有效成分

2.1　神经毒：主要作用于神经系统。

2.2　心脏毒：主要作用于心脏引起心衰。

2.3　溶细胞毒：可使血细胞破坏，血管内皮细胞发生坏死。

2.4　凝血素：可引起血栓形成。

2.5　各种酶：可引起溶血饥饿组织破坏。

3　临床表现

3.1　神经毒致伤的表现。

伤口局部出现麻木，只觉丧失，或仅有轻微痒感。伤口红肿不明显，出血不多，约在伤后半小时后，出现头昏、嗜睡、恶心、呕吐及乏力；严重者出现吞咽困难、声嘶、失语、眼睑下垂及复视；最后可出现呼吸困难及全身瘫痪。如抢救不及时，则最后出现呼吸及循环衰竭，病人可迅速死亡。神经毒吸收快、危险性大，又因局部症状轻，常被人忽略。伤后的第1～2d为危险期，一旦渡过此期，症状就能很快好转，而且治愈后不留任何后遗症。

3.2　血液毒致伤的表现。

伤口的局部迅速肿胀，并不断向近侧发展，伤口剧痛，流血不止；伤口周围皮肤常伴有水泡或血泡、皮下瘀斑、组织坏死；严重时全是广泛性出血，如结膜下瘀血、鼻衄、呕血、咳血及血尿等，个别病人还会出现胸腔、腹腔出血及内出血，最终导致出血性休克。病人可伴有头痛、恶心、呕吐及腹泻，关节痛及高热。由于症状出现早，一般救治较为及时，故死亡率可低于神经毒致伤的病人。但由于发病急病程持续久，所以危险期也较长，治疗过晚则后果严重，治愈后常留有局部及内脏的后遗症。

3.3　混合毒致伤的表现。

兼有神经毒和血液毒的症状。从局部伤口看类似血液毒致伤，如局部红肿、瘀斑、血泡、组织坏死及淋巴结炎等；从全身来看，又类似神经毒致伤。此类伤员死亡原因仍以神经毒为主。

4　毒蛇咬伤的处理

现场急救极为重要，应采取各种措施，迅速排出毒素并防止毒液的吸收与扩散。到达有条件的医疗机构后，应积极采取综合措施，如彻底清创，内服及外敷有效的蛇药片，抗毒素血清的应用及全身的支持疗法。

4.1　防止毒液吸收。

被咬伤后，蛇毒在 3 ~ 5min 内就迅速进入体内，应尽早地采取有效措施，防止毒液的吸收。

4.1.1　绑扎法：

该方法是一种简便有效的现场很容易办到的一种自救和互救的方法。即在被毒蛇咬伤后，立即用布条类、手巾或绷带等物品，在伤肢近侧 5 ~ 10cm 处或在伤指(趾)根部予以绑扎，以减少静脉及淋巴液的回流，从而达到暂时阻止蛇毒吸收的目的。在送医院途中应每隔 20min 松绑一次，每次 1 ~ 2min，以防止伤肢瘀血及组织坏死。待伤口得到彻底清创处理和服用蛇药片 3 ~ 4h 后，才能解除绑带。

4.1.2　冰敷法：

有条件时，在绑扎的同时用冰块敷于伤肢，使血管及淋巴管收缩，减慢蛇毒的吸收。也可将伤肢或伤指(趾)浸入 4 ~ 7℃ 的冷水中，3 ~ 4h 后改用冰袋冷敷，继续 24 ~ 36h 即可，但局部降温的同时要注意全身的保暖。

4.1.3　伤肢制动：

受伤后走动要缓慢，不能奔跑，以减少毒素的吸收，最好是将伤肢临时制动后放于低位，送往医疗机构。必要时可给适量的镇静药，使病人保持安静。

4.2　促进蛇毒的排出和破坏。

在伤口局部的蛇毒，应采取相应措施，促使其尽快排出或减少对肌体的破坏。最简单的方法是用嘴吸吮，每吸一次后要用清水漱口，当然吸吮者口腔黏膜及唇部应无破溃之处；也可用吸引器械、拔火罐等方法，吸出伤口之内的蛇毒，效果也较如意。伤口较深并有污染者，应彻底清创。消毒后应以牙痕为中心，将伤口做“ + ”或“ + + ”形切开，便于使残存的蛇毒流出，但切口不宜过深，以免伤及血管。伤口扩大后，还可用各种药物作局部的湿缚或冲洗，以达到破坏扩散或中和蛇毒的目的。常用的外敷要有30%盐水或明矾水，用于伤口冲洗的外用药有1：5000的高锰酸钾及5%～10%的盐水。胰蛋白酶局部注射有一定作用，能够减轻或抑制病人的中毒症状，用法：用生理盐水2～4mL溶解胰蛋白酶后，在伤口基底层及周围进行注射，12～24h后可重复注射。注射速尿、利尿酸钠或甘露醇等，可加速蛇毒从泌尿系排出。

4.3　抑制蛇毒的作用。

主要是内服和外敷有效的中草药和蛇药片，达到解毒、消炎、止血、强心和 利尿作用，抗蛇毒血清已广泛用于临床，对同种毒蛇咬伤效果较好。

4.3.1　各种蛇药片：

目前用于临床的蛇毒片已有十余种，使用时首先要弄清楚所用的药片对哪种蛇毒有效，其次是用药要早，剂量要大，疗程要长；最后，必须有针对性地采用其他中西医的辅助治疗。临床上，用的最广的是南通蛇药片(季德胜蛇药片)，伤后应立即服20片，以后每隔6h服10片，持续到中毒症状明显减轻为止；同时将药片加温开水调成糊状，涂在伤口的周围及肢体肿胀的上端3～4cm处。广州蛇药片(何晓生蛇药片)疗效也较好，伤后立即服5片，以后每隔3h服5片，重症者药量加倍另外，上海蛇药片主治蝮蛇咬伤，蛇三满蛇药片主治金环蛇和银环蛇咬伤。

4.3.2　中草药单方：

可用新鲜半边莲(全草)30～60g，捣烂后取其汁内服，有解毒和利尿排毒作用；也可用新鲜马柏嫩芽30g，捣烂取汁内服，药渣外敷，可预防蛇毒攻心。

4.3.3　血清治疗：

抗蛇毒血清对毒蛇咬伤有一定的疗效，单价血清疗效可高达90%，但多价血清疗效仅为50%。目前已试用成功的血清有抗蝮蛇毒血清、抗眼镜蛇毒血清、抗五步蛇毒血清和抗银环蛇毒血清等，有的已精制成粉剂，便于保存。使用抗蛇毒血清之前应先做皮肤过敏试验，阴性者可注射。

4.4　全身支持疗法。

毒蛇咬伤后的数日内病情较重，中毒症状明显，常伴有不同程度的水电解质紊乱和休克，严重者会出现呼吸衰竭、心力衰竭、急性肾功能衰竭、溶血性贫血。因而积极的全身治疗及纠正主要脏器的功能是重要的。血压低时应及时给予输血和补液、抗休克治疗；呼吸微弱时应给予呼吸兴奋剂和吸氧，必要时进行辅助性呼吸。肾上腺皮质激素及抗组织胺类药物的应用，对中和毒素和减轻毒性症状有一定的作用。全身抗感染药物，对防止局部组织的坏死是重要的，常规注射TAT以预防破伤风的发生。

附录3　××井拆装采气树压帽施工方案

中原油田分公司

采油气工程服务中心普光项目部

××年××月××日

××井拆装采油气帽施工审批意见表

采油气工程服务中心普光项目部：

编写人：
年　月　日

采油气工程服务中心普光项目部：

审核人：
年　月　日

采气管理区审核意见：

审核人：
年　月　日

采气厂技术办公室审核意见：

审核人：
年　月　日

采气厂主管领导审批意见：

审批人：
年　月　日

目　录

一、施工目的

××井连生产测试作业需拆装卸采气树帽，作业完成后进行恢复，此次施工由采油气工程服务中心普光项目部负责编写施工方案，办理涉硫作业票并进行施工。

二、施工准备

1. 生产单位物资准备

(1)INC825 材质 BX154 钢圈 1 个。

(2)防爆排风扇 1 台。

(3)8kg 干粉灭火器 2 台。

2. 采油气物资准备

(1)拆卸安装采气树帽配套防爆扳手 1 套、防爆榔头 1 把。

(2)便携式 H_2S 检测仪 5 个，正压式空气呼吸器 5 套。

(3)值班车 1 台，指挥车 1 台。

(4)防渗布 $20m^2$，安全带 2 条、清水适量。

3. 采油气人员准备

现场总指挥 1 人，安全监督人员 1 人，施工人员 3 人。

4. 井场准备

根据××井场条件及安全环保要求，站场安全设施布置具体要求如下：

(1)在井场施工区域设置警戒隔离带，严禁非施工人员进、出施工区域。

(2)根据××集气站实际情况，合理布置安全逃生路线保证井场畅通。

(3)井场施工区域硫化氢监测：操作区应有硫化氢监测、报警设备，高压、高含硫位置作警戒标识，有异常情况及时撤离。

(4)站场设置两条不同风向的逃生路线，进入场站区域佩戴 H_2S 检测仪及正压式空气呼吸器。

(5)进入站场车辆必须戴防火罩并处于关闭状态。

三、组织机构及职责

为保证整个施工过程的安全，顺利完成施工任务及要求，采气厂、采油气工程服务中心分别成立相应的组织机构。

1. 采气厂协调及监护组

(1)组长：×××，联系电话：×××。

职　责：组织、指挥、协调施工作业。

(2)成员：采气区工程师、采气区安全工程师。

职　责：做好施工条件的检查与确认，做好施工过程中的安全监督，监护施工人员作业。

2. 采油气施工组

(1)施工总指挥:

职　责:组长负责安排作业中维保人员,协助采气厂协调及监护组组长,做好现场协调工作。

(2)安全监督人员:

职　责:负责确认开工安全条件,现场安全及HSE工作的管理。

(3)现场施工指挥:

职　责:负责监督施工人员按操作规程施工,根据现场需要协调施工人员,负责向组长和生产单位汇报沟通。

(4)施工操作人员:

职　责:负责拆卸和安装采气树帽施工,出现紧急情况后开展应急处置。

四、施工步骤

1. 施工前现场勘查及施工准备

(1)集气站负责人、施工指挥和安全监督人员佩戴正压式空气呼吸器和便携式检测仪进入施工现场,对施工区域进行确认,检测施工区域无硫化氢显示,否则由生产单位负责查找原因,并采取相应处理措施,处理后并重新确认,待现场达到施工条件后,方可进行下步施工。

(2)施工人员负责在施工现场上风方向3~5m处,摆放好防爆排风扇1台、8kg干粉灭火器2台,并对施工区域进行架设警戒带隔离,禁止非工作人员入内。

(3)施工人员准备好拆卸采气树帽配套防爆扳手1套、防爆榔头1把;安全带2套,梯子;防渗布20m^{2}铺设在采气井口周围。

(4)集气站人员操作关闭采气树4$^\#$阀门,并将4$^\#$阀门下游各阀门及流程内压力通过火炬泄压为零。

(5)维保队施工人员在集气站人员的监护下关闭10$^\#$、11$^\#$阀门,打开7$^\#$阀门,观察30min,并通过7$^\#$阀门上部压力表观察无压力显示,确认地面安全阀关闭合格无渗漏,方可进行下步工序,否则及时汇报,由集气站人员联系采取关闭井下安全阀,打开11$^\#$阀门,将井下安全阀下游各阀门及流程内压力通过火炬泄压为零,关闭11$^\#$阀门,观察30min,重新通过7$^\#$阀门上部压力表确认井下安全阀关闭合格,且下游各阀门及流程内无压力,达到施工条件后方可进行下步施工。

重点要求:

(1)施工人员佩戴并使用正压式空气呼吸器及便携式硫化氢检测仪,双人双岗作业。

(2)经安全人员确认,并达到施工条件后方可进行施工。

(3)开关阀门时人员站在手轮侧面操作,防止高压伤人。

2. 拆卸采气树帽

(1)施工人员打开采气树9#、11#阀门，集气站人员负责打开放空管线各相关阀门，确保井口至放空火炬处于畅通状态。

(2)关闭7#阀门及补芯考克，卸掉压力表，缓慢打开考克再次确认采气树帽内有无压力，则使用防爆工具拆卸采气树帽上部表补心，并及时向采气树帽灌满清水；压力表及表补心交集气站负责人管理。

(3)使用防爆专用工具先对角拆卸采气树压帽4条螺栓，使用清水对拆卸位置进行喷淋降温后再拆掉对角2条螺栓，再次喷淋降温后卸松最后两条螺栓；用防爆撬杠缓慢撬开采气树帽，再次确认采气树帽与7#阀门之间确无压力，卸掉剩余两条螺栓，取下采气树帽后及时向7#阀门内灌注清水，灌满后观察液面稳定无异常再进行下步施工；观察时如果发现异常或阀门泄漏，要及时向现场指挥部和生产单位负责人汇报，并采取有效措施。拆卸完成后，将拆卸的所有部件放到集气站负责人指定位置，由集气站现场负责人保管。采气树帽拆卸施工完成后，将井口交给下步施工队伍。

重点要求：

(1)施工人员佩戴并使用正压式空气呼吸器及便携式硫化氢检测仪，双人双岗作业。

(2)施工过程中各岗劳保护具穿戴齐全，持证上岗，密切配合，平稳操作，严禁违章。

(3)对拆卸点喷淋清水降温，取下采气树帽后及时向7#阀门内灌注清水，防止硫化亚铁自燃。

(4)拆卸时使用防爆排风扇对着施工位置进行吹扫。

(5)在拆卸过程中若硫化氢含量≤20ppm可以继续施工，否则及时向安全监护人汇报，施工人员及时撤离，采取相应处理措施，待现场达到施工条件后方可继续施工。

3. 安装采气树帽

接采气厂通知才能安装采气树帽。

(1)与生产无关人员撤离井场，安全监护人与集气站负责人员共同确认采气树7#、10#、11#、4#阀门处于关闭状态，打开9#阀门，观察30min，通过9#、11#阀门之间的压力表确认4#阀门关闭合格，采气树上部压力为0MPa。

(2)将7#阀门上部灌满清水，用棉纱清洗连接处钢圈槽、钢圈，并认真检查，确保密封部位完好无损，新钢圈涂密封脂并放置在钢圈槽内，安装采气树压帽，使用防爆专用工具对角上紧全部螺栓，各条螺栓受力均匀；安装表补心及压力表。

重点要求：

(1)施工人员佩戴并使用正压式空气呼吸器及便携式硫化氢检测仪，双人双岗作业。

(2)施工过程中各岗密切配合，平稳操作，严禁违章。

(3)安装时使用防爆排风扇对着施工位置进行吹扫。

(4)施工过程中按标准施工，规范操作，防止损坏站内设施。

4. 气密试验

开启7#阀门及压力表考克，由集气站人员负责气密试验，检验采气树帽是否渗漏，检验合格后施工人员、设备方可做撤离准备，否则立即进行整改。

5. 完工

施工结束后，清理施工现场，井场恢复原貌，并与站上人员交接清楚，采油气施工人员、设备撤离井场。

五、安全环保要求及施工注意事项

(1)施工井场做到无污染施工。

(2)施工前进行安全确认。

(3)施工过程中做好防硫化氢、防火等安全工作和物资准备。要求各岗位工作人员坚守工作岗位，随时注意观察，做好各种防范准备。

(4)要求分工明确，密切配合。

(5)做好有毒气体的检测。

(6)要求各岗位工作人员坚守工作岗位，注意观察，做好各种防范准备。

(7)与采气厂结合做好应急措施。

六、风险评价及消减措施

(一)硫化氢中毒

硫化氢属于Ⅱ类剧毒物质，在对采气树帽拆除过程中，可能会发生硫化氢泄漏，对人的身体健康产生伤害。

消减措施：

(1)施工人员必须经过硫化氢防护技术培训，取得硫化氢防护证书。

(2)进入站场作业人员，个人劳动保护用品及气防器具要配备使用到位。

(3)涉硫作业经过许可，安全措施条件经过确认。

(二)硫化亚铁自燃

采气树帽内可能存在硫化亚铁，在采气树帽卸掉后，很可能会出现硫化亚铁遇空气发生自燃的现象。

消减措施：

(1)确认7#阀门处于关闭状态，防止空气进入。

(2)拆卸过程中及时对拆卸部位喷淋清水降温。

(3)采气树帽卸掉后，应及时向7#阀门内灌满清水，防止硫化亚铁遇空气发生自燃。

(4)现场准备好清水及时进行喷淋，做好全程监护工作。

(三)拆、装作业伤人

在拆、装采气树帽作业中，可能出现交叉作业，或使用敲击工具不慎等，造成人员受到伤害。

消减措施：

(1)尽可能避免交叉作业，安全交底一定要清晰到位，监护人员必须到位。

(2)做好使用工具安全性能的检查，避免作业使用的工具或设备存在缺陷或“带病”运行。

(3)施工人员劳保护具穿戴齐全，密切配合，平稳操作。

(四)火灾、爆炸

天然气中的烃类、H_2S 属于易燃物质，与空气混合后遇明火易发生火灾或爆炸事故。

消减措施：

(1)作业前对可燃气体含量进行检测，检测出的可燃气体含量不得超过其爆炸下限的5%。

(2)作业施工时要使用防爆工具作业。

(3)在出现可燃气体聚集或扩散处，在使用防爆排风扇的条件下作业。

七、应急处置预案

(一)硫化氢中毒应急处置预案

发现现场有人中毒，现场人员应做到以下步骤：

(1)现场监护组立即组织将中毒人员撤离现场到安全地方，同时拨打救援电话：4736119。

(2)现场监护组立即对中毒人员用应急呼吸器进行现场人工呼吸抢救(切忌不能口对口人工呼吸，防止抢救人员再次中毒)。

(3)现场监护组立即通知应急救援人员对中毒人员的抢救。

(4)应急救援中心到达现场后，对中毒人员进行抢救，同时送中毒人员到指定医院医治。

(二)硫化亚铁自燃应急处置预案

发现现场出现自燃后，现场人员应做到以下步骤：

应首先检查现场是否有人员烧伤和中毒，弄清硫化亚铁自燃位置后，消防人员、救护人员、抢险人员到达现场后，应分组并明确各部门的职责任务，分别进行伤员救护、人员疏散和倒换流程，尽快控制火势，防止火势蔓延，同时对周围的设备进行降温。

(三)拆、装过程伤人应急处置预案

(1)安全监护人迅速组织人员将受伤人员撤离至安全区域。

(2)根据受伤人员的伤势进行包扎、固定等救护，如伤势严重则立即拨打救援电话请求救援。

（四）火灾、爆炸事故应急处置预案

发现现场出现爆炸事故，现场人员应做到以下步骤：

（1）弄清着火位置后，应着重检查现场是否有人员烧伤和中毒；消防人员、救护人员、抢险人员到达现场后，应分组并明确各部门的职责任务，分别进行伤员救护、人员疏散和倒换流程，尽快切断气源及控制火势，防止火势蔓延，同时对周围的设备进行降温。

（2）人员的救护和疏散应取最近的安全通道撤离，并设立事故安全警戒区和警戒线，严禁非工作人员进入，引发新的人员伤亡。

（3）切断气源和当时可能发生憋压的设备和干线进行仔细的观察，一旦发现超压，就采取紧急放空降压，防止设备和管线憋压产生爆炸事故。

（4）在切断气源和灭火的同时，要对着火点周围的设备实施高压清水降温，以防止设备和管线内气体受热膨胀引发爆炸事故。

（五）应急资源

采气厂调度：4737551；应急救援中心调度：4775119；

救护站电话：4737120；施工单位调度电话：4773908。

八、遵守标准及规程

在施工过程中对安全环保要求进行规范。

（1）SY/T 6277—2017《含硫油气田硫化氢监测与人身安全防护规程》。

（2）SY/T 6125—2013《气井试气、采气及动态监测工艺规范》。

（3）SY/T 6610—2014《含硫化氢油气井井下作业推荐作法》。

（4）SY 5727—2014《井下作业安全规程》。

（5）AQ/2012—2007《石油天然气安全规程》。

（6）SY/T 6276—2014《石油天然气工业健康、安全与环境管理体系》。

（7）SY/T 6137—2017《含硫化氢的油气生产和天然气处理装置作业的推荐作法》。

（8）GB 3095—2012《环境空气质量标准》。

×××井拆采气树帽作业安全分析(JSA)分析表

作业安全分析(JSA)记录表			编号：	
作业名称：××井拆采气树帽			区域/工艺过程：	
分析组长： 成员：			日期：	
序号	作业步骤	危害因素	控制措施(技术、管理和个人防护)	执行人
1	入场教育、安全确认及人员入场	教育不到位、个人气防器具、劳保佩戴不全硫化氢中毒	组织作业人员认真学习施工方案,落实各项票据,进入施工场地人员必须正确着装,严格执行采气厂下发的目视化管理规定,正确佩戴正压式空气呼吸器及硫化氢检测仪,气瓶压力不低于25MPa,气瓶报警哨报警后要立即撤出施工场地更换,施工前人员要分工明确	
2	拆采气树帽	圈闭压力伤人 高空落物、 碰、撞伤、 硫化亚铁自燃	拆卸采气树帽时要看7#阀门上部压力表无压力方可拆卸,要开关考克闸门一次再卸掉压力表及考克拆掉后用清水管注,然后再对角拆卸采气树帽螺栓,对拆卸部位及时喷水降温各岗配合密切,吊采气树帽之前司机认真检查绳索的完好性,司索检查好吊具,确定好吊点使用好牵引绳,司机、司索、施工人员要相互配合把采气树帽吊至甲方指定位置	
3	安装采气树帽	人员碰撞伤,中毒,机械伤害,漏失,污染环境	1. 施工人员佩戴正压式空气呼吸器及硫化氢检测仪,分工明确,合理站位,防止工具脱落、伤人 2. 吊装时,吊车作业半径内及吊臂下严禁站人 3. 安装前检查钢圈、钢圈槽清洁完好,安装时涂抹黄油,对角上紧、上全全部螺栓,确保缝隙一致 4. 现场监护人安全监护到位,确保施工过程安全	
4	气密试验	人员操作站位不对,造成高压伤人	1. 无关人员撤离现场 2. 开关阀门时操作人员站在手轮侧面开关,防止高压伤人	
5	完工	现场垃圾未清理,造成环境污染	施工完成后,清理现场垃圾,井场恢复原貌	

告知确认(签字)：

附录4　高压高含硫气田维保岗位员工学习地图

职位层级	工作职责	能力要求	学习内容	课件包编号
新入职人员	1. 执行普光高压高含硫气田的维保安全操作规程及HSE管理规定	1.1　具备掌握普光气田场站施工现场情况与安全要求，能够为项目开工做好准备的能力	1.1.1　普光气田场站基本情况	
			1.1.2　开工准备	
		1.2　具备熟练使用个人防护用品、气防器具、消防器材的能力	1.2.1　正确使用正压式空气呼吸器	
			1.2.2　正确使用便携式硫化氢检测仪	
			1.2.3　正确使用防毒面具	
			1.2.4　正确使用干粉灭火器	
	2. 配合完成项目开工准备及辅助工作	1.3　具备施工现场急救处置的能力	1.3.1　毒蛇咬伤应急处置	
			1.3.2　机械伤害应急处置	
			1.3.3　心肺复苏技术	
	3. 参加项目部的岗位练兵和应急演练		1.3.4　触电现场急救	
			1.3.5　急性硫化氢中毒现场急救	
			1.3.6　拨打应急救援电话	
独立顶岗员工	1. 完成维保项目准备工作	2.1　具备熟知站场工艺流程及生产特点与完成区级日常维保施工任务的能力	2.1.1　拆卸采气树帽	
			2.1.2　安装采气树帽	
			2.1.3　拆卸盲板	
			2.1.4　安装盲板	
			2.1.5　加注环空保护液	
			2.1.6　加注缓蚀剂	
			2.1.7　多功能辅助流程吹扫	
			2.1.8　加注钝化剂、碱液	
			2.1.9　气井泄压放喷	

续表

职位层级	工作职责	能力要求	学习内容	课件包编号
独立顶岗员工	2. 完成场站常规项目维保工作	2.2　具备熟知气田场站井口及控制系统的结构原理特点，完成区级井口和控制系统的日常维护保养与故障排除的能力	2.2.1　采气井口装置阀门阀板注脂保养	
			2.2.2　采气井口装置阀门轴承注脂保养	
			2.2.3　井口安全控制系统更换液压油	
			2.2.4　气控液型井口安全控制系统巡检	
			2.2.5　液控液型井口安全控制系统巡检	
			2.2.6　更换采气树阀门注脂阀	
			2.2.7　更换高低压限位阀密封圈	
			2.2.8　更换井口控制柜压力表	
		2.3　具备熟知集气站压力容器结构特点与工艺流程，完成压力容器进行化学清洗施工的能力	2.3.1　场站压力容器冲砂	
			2.3.2　集输流程清洗	
熟练操作人员	1. 完成场站复杂项目维保工作	3.1　具备采气井口装置阀门在线维修更换的能力	3.1.1　更换采气树8#、10#阀门	
			3.1.2　更换采气树笼套式节流阀	
			3.1.3　在线维修整体式采气树7#阀门	
		3.2　具备配制化学清洗药剂和对药剂性能进行检验的能力	3.2.1　冲砂药剂配制	
	2. 完成对新入职岗位能力培训		3.2.2　化学清洗剂溶垢实验	
		1.3　具备对地面、井下安全阀功能测试能力，判断评估控制系统安全可靠性的能力	3.3.1　井下安全阀功能测试	
			3.3.2　地面安全阀功能测试	
			3.3.3　更换高低压限位阀根部阀	